梁思成的作业

梁思成 著　　林 洙 编
张昊媛 译　　王 南 审

中国青年出版社

Architecture 44.

HISTORY OF ARCHITECTURE

Lectures by Professor Gumaer

建 筑 史

教授: 古米尔

———

学贯中西，破译法式

——

西方建筑史学习对梁思成学术研究之影响

王　南

"思成记得一件难忘的事。一九二四年抵宾夕法尼亚大学未久，建筑史教授古米尔(Alfred Gumaer)为二年级学生开了一门课，思成也参加了。上了几堂课以后，他跑去找古米尔，说他非常喜欢建筑史，他从来不知道世上有如此有趣的学问。古米尔反问他有关中国建筑史的情况。思成回答，据他所知还没有文字的记录，中国人从来不认为建筑是一门艺术，也从不重视它。但他本人不甚赞同。"

——费慰梅《中国建筑之魂：一个外国学者眼中的梁思成林徽因夫妇》

这本《梁思成的作业》，展现了梁思成于1925-1926年间在美国费城宾夕法尼亚大学（以下简称"宾大"）美术学院建筑系（图1）学习一门建筑史课的课堂笔记、课后查阅资料摘记和绘图作业。

此份笔记和作业是梁思成留美学习生涯中最珍贵的历史文献之一。它一方面忠实反映出梁思成当年对西方建筑史的浓厚兴趣与一丝不苟的

（2）

图1：1927年，
在宾大留学期间的
梁思成与林徽因
（清华大学建筑学院
中国营造学社纪念
馆藏）

学习态度；更重要的是，正是通过学习西方建筑史，梁思成立志成为一名中国建筑史学者，而不是像绝大多数留美同窗或校友那样，以建筑师作为毕生职业——这方面最具代表性的人物是著名建筑师杨廷宝，他是梁思成的宾大建筑系学长，在中国建筑界与梁思成并称"南杨北梁"。

梁思成的中国建筑史研究，深深得益于他在宾大的所学，正如他和林徽因的美国友人费慰梅（Wilma Fairbank,1909-2002）所言："思成提到，宾夕法尼亚大学建筑系的作业对他后来在中国的事业很有帮助。"梁思成以西方建筑学的科学方法研究中国古建筑，自然源于在宾大接受的正规建筑教育；他撰写的《中国建筑史》等学术论著，亦颇受在宾大学习西方建筑史经历之影响；尤其是他对中国古代最重要的建筑专著——北宋《营造法式》一书的研究和"破译"工作，在相当程度上要归功于其所受到的西方建筑史和古典学院派的建筑教育。

一、"世上有如此有趣的学问"

这门建筑史课从1925年9月28日到1926年3月22日，授课者是阿尔弗莱德·古米尔（Alfred Gumaer）教授，每周两讲，共计36讲，内容以意大利、法国的文艺复兴建筑为主，并少量涉及意大利巴洛克和法国古典主义建筑。在今天看来，以整整一学期、每周两讲的课时，专门讲授文艺复兴建筑史是非常奢侈的——以我现在任职的清华大学建筑学院为例,"外国古代建筑史"这门课(内容从古代两河流域文明直至十九世纪建筑)的课时是一学期、每周一讲,仅为宾大当年这门文艺复兴建筑史课时的一半。足见1920年代的宾大建筑系,作为美国的"巴黎美术学院教学体系"(即Beaux-Arts,常译作"布杂"或"布扎"体系)的重镇,对于文艺复兴建筑的高度重视。从梁思成保留下来的未收入本书的其他作业(参见《梁思成建筑画》[1996];《梁思成全集》第九卷[2001];《梁思成图说西方建筑》[2014]等书),或者其宾大校友杨廷宝、童寯等人保留至今的作业中可知,当时的宾大建筑系应该还设有其他建筑史课程,内容涉及古埃及、古希腊、古罗马、拜占庭、罗曼、哥特等文艺复兴之前的经典建筑。(图2)因此,梁思成在宾大所受的西方建筑史教育应该是颇为完备充实的。

图2:梁思成绘制的哥特教堂图(清华大学建筑学院中国营造学社纪念馆藏)

更加可贵的是梁思成自己在课后所下的额外功夫:本书至少有一半的内容,是梁思成课后对课堂讲授内容的深入研习,而且针对同一主题(比如布鲁内莱斯基的作品,或者圣彼得大教堂的建造过程等),他往往会摘录来自许多不同参考文献的评述,并一一注明出处。他对这门课所下的功夫,我想大概不是每一名选修此课的学生皆能做到的。

除了课上课下的笔记之外，梁思成还为学习这门课画了数以百计的建筑图。这些图纸均以徒手绘制而成，大多为钢笔图，少数为铅笔图，包括建筑平面图、立面图、剖面图、透视图和细部详图，此外还有两幅意大利历史地图（本书收录其中一幅）。绝大多数图纸以线描方式绘制，造型准确、线条流畅、运笔潇洒；部分立面图和透视图还加了阴影，更添生动韵味。考其来源，这些图大半临摹自西文书籍插图，少数参考照片绘成。一些钢笔图仍清晰保留铅笔底稿的痕迹，可知作者在绘图时曾先打草稿。这些建筑图有的是该门课的作业，还留有教授的评分，有的还盖有宾大建筑系的钢印。当时的作业评分采取5分制，并且最高分为1分，依此类推。梁思成的现存图稿中，有评分的共计38幅，其中34幅均为1分，3幅2分，得3分者仅有1幅。除了正式上交的作业之外，梁思成还额外绘制了更多图纸，质量亦不在正式作业之下。此外，该门课的课堂笔记也须整理上交并评分，梁思成的笔记均为1分。

值得一提的是，梁思成早在清华学校（今天清华大学的前身）求学期间，便有极好的美术功底。据梁思成的同窗好友陈植回忆："在清华的八年中，思成兄显示出多方面的才能，善于钢笔画，构思简洁，用笔潇洒。曾在《清华年报》(1922-1923)任美术编辑。"出色的绘画基础加上超乎寻常的兴趣和努力，使得梁思成能够在一门课中绘出如此大量且高质量的研学西方经典建筑的佳作。

（6）

更有趣的是，梁思成高超的绘图技能还经常用来为林徽因创意无限的设计作业提供服务——费慰梅回忆道："满脑子都是创意的徽因，常常先画出一张草图或建筑图样，然后一边做，一边修正或改进，而一旦有了更好的点子，前面的便一股脑儿丢开。等到交图的最后期限将届，即使在画图板前不眠不休赶工也来不及了，这时候思成就插进来，以他那准确和熟练的绘图工夫，把那乱七八糟的草图变成一张简洁、漂亮、能够交卷的作品。他们俩合作无间，各为建筑贡献出自己的特殊天赋，在今后共同的专业生涯中始终坚持着。"当时宾大建筑系的年轻讲师、日后成为著名建筑师的约翰·哈贝森（John Harbeson）曾经夸奖梁思成、林徽因的建筑图作业简直"无懈可击"。

从宾大毕业二十年后，梁思成专门向久别重逢的费慰梅回忆了当年上这门建筑史课时的情境。费慰梅写道：

"思成记得一件难忘的事。一九二四年抵宾夕法尼亚大学未久，建筑史教授古米尔为二年级学生开了一门课，思成也参加了。上了几堂课以后，他跑去找古米尔，说他非常喜欢建筑史，他从来不知道世上有如此有趣的学问。古米尔反问他有关中国建筑史的情况。思成回答，据他所知还没有文字的记录，中国人从来不认为建筑是一门艺术，也从不重视它。但他本人不甚赞同。"

实际上，正是古米尔教授的这门建筑史课，让梁思成对建筑历史这门学科产生了浓厚兴趣。那时的他常常在宾大建筑系的图书馆中饱览西方建筑史的经典著作，掩卷沉思之余，发思古之幽情。与此同时，年轻的梁思成也深为中国这样一个文明古国竟然没有一部由本国人撰写的建筑史专著而感到惋惜。由此，他立下毕生最为重要的志向之一，即写一部《中国建筑史》——这可以说是宾大的西方建筑史课给梁思成的学术生涯带来的一个重大影响。

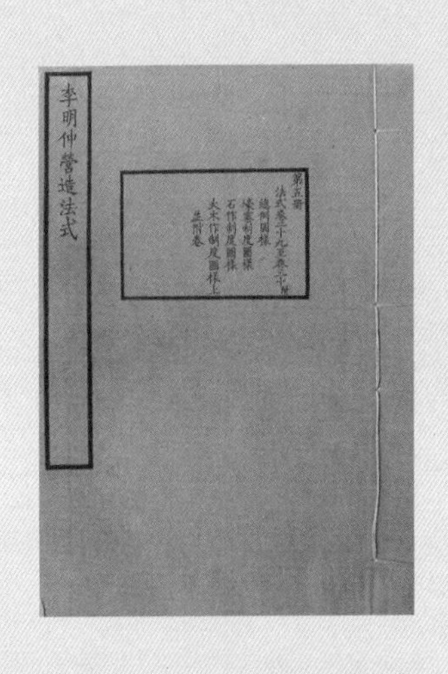

图3:《营造法式》（陶本）书影（清华大学建筑学院中国营造学社纪念馆藏）

二、《营造法式》与西方古典建筑法则（Order）

1925年，也就是梁思成沉醉于建筑史课的同年，他收到父亲梁启超寄来的一本巨著——成书于北宋的《营造法式》，这是中国历史上流传下来为数不多的建筑专著之一，至为珍贵。（图3）彼时的梁思成正苦恼于中国古建筑在祖国无人问津，且史籍匮乏，因此可以想象，收到父亲寄来的《营造法式》，他自然是如获至宝。然而正如梁思成多年后回忆的那样：

"当时在一阵惊喜之后，随着就给我带来了莫大的失望和苦恼——因为这部漂亮精美的巨著，竟如天书一样，无法看得懂。"

获得如此宝书却完全看不懂，这个巨大的落差，在24岁的梁思成心中埋下了一定要"破译"这部"天书"的种子。可以说梁思成一生最重要的两个学术目标都是在宾大求学期间确立的：一是写作《中国建筑史》，二是读懂《营造法式》。

1930年，梁思成受朱启钤之邀加入了中国营造学社，这是中国第一个专门研究古建筑的学术机构，其名称即源自《营造法式》一书。梁思成从1931年起担任学社的"法式部"主任，终于开始了他酝酿已久的《营造法式》研究。

他首先从北京的明清古建筑开始研究，以故宫为蓝本，拜老匠人（如木匠杨文起和彩画匠祖鹤州）为师，结合清雍正时期颁布的工部《工程做法》一书，初步廓清了清代建筑的基本营造法则，并于1932年完成了《清式营造则例》（1934年出版）一书，该书至今依然是研究清代建筑的入门读物。相较于清代建筑和工部《工程做法》的研究，北宋《营造法式》的研究则困难得多。由于时隔千载，书中所记关于北宋建筑的内容，不要说设计原则，就是普通的名词、术语，都已非清末民初老匠师们所能解释，于是只能从宋代的实例中去探求。于是，在整个华夏大地上努力寻找《营造法式》时代的木结构遗物，成为破译这部天书最关键的工作。梁思成的整个研究生涯中，最常打交道的对象就是两宋以及辽、金时期的建筑遗存，这与梁思成全心全意要解读《营造法式》的夙愿有密不可分的关系。

图 4：1933 年，在正定隆兴寺转轮藏殿斗栱下从事测绘的梁思成
（清华大学建筑学院中国营造学社纪念馆藏）

梁思成对中国古建筑（特别是唐宋辽金古建筑）的研究，尤其注重实地考察和测绘，这种科学的工作方法当然与他在宾大所受的教育直接相关。（图 4）而且，由于宾大"布杂"体系的西方古典建筑训练极其注重建筑的造型比例，尤其是文艺复兴以来所确立的五种基本"柱式"(Order)的古典建筑法则，更是教学的重点——梁思成的这份建筑史笔记中提及"柱式"(Order)的地方不下数十处，谈论建筑造型比例的内容更是俯拾皆是。早在古罗马维特鲁威的《建筑十书》中，已有著名的关于希腊-罗马"柱式"的记载：希腊-罗马神庙通常用神庙立柱的"柱径"作为基本模数，神庙的面阔、进深以及各类细部尺寸皆以此为本，为柱径的倍数或分数。文艺复兴时期诸如维尼奥拉、帕拉第奥等著名建筑学者皆对"柱式"这一古典建筑法则推崇备至。（图 5）

图5：意大利文艺复兴建筑大师帕拉第奥《建筑四书》中关于西方古典柱式各部分模数、比例之分析(The Four Books on Architecture)

谙熟西方古典建筑精髓的梁思成、林徽因，在中国古建筑的研究中也倍加关注建筑的造型比例——而这一点，恰恰成为他们最终破译《营造法式》的关键。

《营造法式》的"大木作制度"一章开宗明义写道："凡构屋之制，皆以材为祖……各以其材之广，分为十五分°[1]，以十分°为其厚。凡屋宇之高深，名物之短长，曲直举折之势，规矩绳墨之宜，皆以所用材之分°，以为制度焉。"此段话微言大义，可谓整部《营造法式》的总纲。文中的"材"，不是一般木料的笼统称呼，而是专指一座木结构建筑中运用最多的标准木材（包括所有斗栱的"栱"，大量联络斗栱、梁架的"枋"，以及与栱类似的构件"昂"，等等）的横断面。（图 6）《营造法式》规定这种标准木材的横断面高十五分°，宽十分°（即高宽比为 3:2），一座木构建筑中成百上千的栱、枋皆如此。而

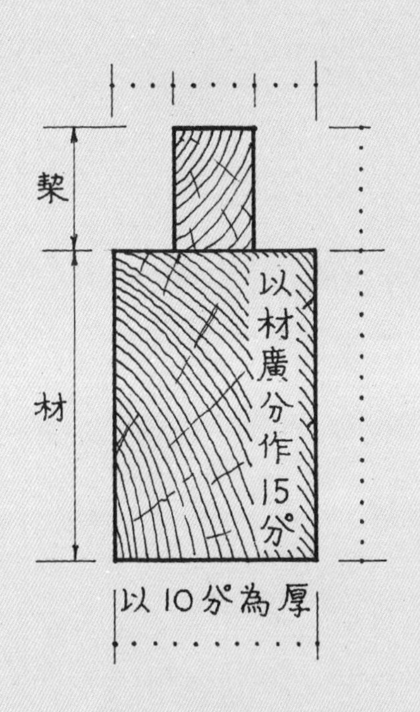

图 6：《营造法式》大木作制度"材"之示意图（清华大学建筑学院中国营造学社纪念馆藏）

---

1. "分"（音份）是《营造法式》的重要概念。为了和长度单位尺、寸、分的"分"相区别，梁思成特地发明了"分°"这个符号来表示之。也有的学者用"份"字来代替之。

其他木构件诸如柱、梁、阑额、榑、椽等的规格(即"名物之短长"),或者建筑整体之面阔、进深、高度、屋顶坡度等(即"屋宇之高深""曲直举折之势"),皆为"材"的倍数或分数——所以,《营造法式》中的"材"就是中国北宋木结构建筑设计的基本"模数",一如柱式(Order)中的"柱径"之于西方古典建筑。

梁思成是在1932年考察、测绘辽代木构建筑蓟县独乐寺观音阁和山门时,破解了这一重大秘密。他在《蓟县独乐寺观音阁山门考》(载于《中国营造学社汇刊》第三卷第二期,1932)一文中指出:

"斗栱者,中国建筑所特有之结构制度也。其功用在梁枋等与柱间之过渡及联络,盖以结构部分而富有装饰性者。其在中国建筑上所占之地位,犹Order之于希腊罗马建筑;斗栱之变化,谓为中国建筑制度之变化,亦未尝不可,犹Order之影响欧洲建筑,至为重大。"

两年后,林徽因在为梁思成《清式营造则例》(1934)一书所作的"绪论"中进一步强调指出,北宋《营造法式》的"材"和与之相似的清工部《工程做法》的"斗口",皆与西方古典建筑之Order极为类似,实为中国古建筑之精髓:

"斗栱不惟是中国建筑独有的一个部分,而且在后来还成为中国建筑独有的一种制度。就我们所知,至迟自宋始,斗栱就有了一定的大小权衡;以斗栱之一部为全部建筑物权衡的基本单位,如宋式之'材''栔'与清式之'斗口'。

这制度与欧洲文艺复兴以后以希腊罗马旧物作则所制定的Order,以柱径之倍数或分数定建筑物各部一定的权衡(proportion),极相类似。所以这用斗栱的构架,实是中国建筑真髓所在。"

从《蓟县独乐寺观音阁山门考》一文开始,梁思成等营造学社同仁的一系列古建筑调查报告[2],对唐、宋、辽、金的建筑实例进行了详细测绘,并通过将《营造法式》与这些珍贵实例相互印证,最终揭示出《营造法式》所记载的"以材为祖"的设计原则在中国古代建筑设计中的重要作用。此外,梁思成一再强调《营造法式》的"材"与希腊-罗马建筑中"柱式"(Order)的异曲同工,他在1944年写成的《中国建筑史》一书中总结道:

"斗栱之制日趋标准化,全部建筑物之权衡比例遂以横栱之'材'为度量单位,犹罗马建筑之Order,以柱径为度量单位,治建筑学者必习焉。"

正是学贯中西的学术背景,使得梁思成得以破译《营造法式》所记载的中国古代木结构建筑的基本设计原则,并且敏感地指出其与西方古典建筑法则的高度相似性,这是此前中外学者均未发现的。(图7)诚如费慰梅

---

2. 参见梁思成《蓟县独乐寺观音阁山门考》(《中国营造学社汇刊》第三卷第二期,1932);梁思成《宝坻县广济寺三大士殿》(《中国营造学社汇刊》第三卷第四期,1932);梁思成、刘敦桢《大同古建筑调查报告》(《中国营造学社汇刊》第四卷第三、四期,1933);林徽因、梁思成《晋汾古建筑预查纪略》(《中国营造学社汇刊》第五卷第三期,1935);梁思成《记五台山佛光寺建筑》(《中国营造学社汇刊》第七卷第一、二期,1944)等文。

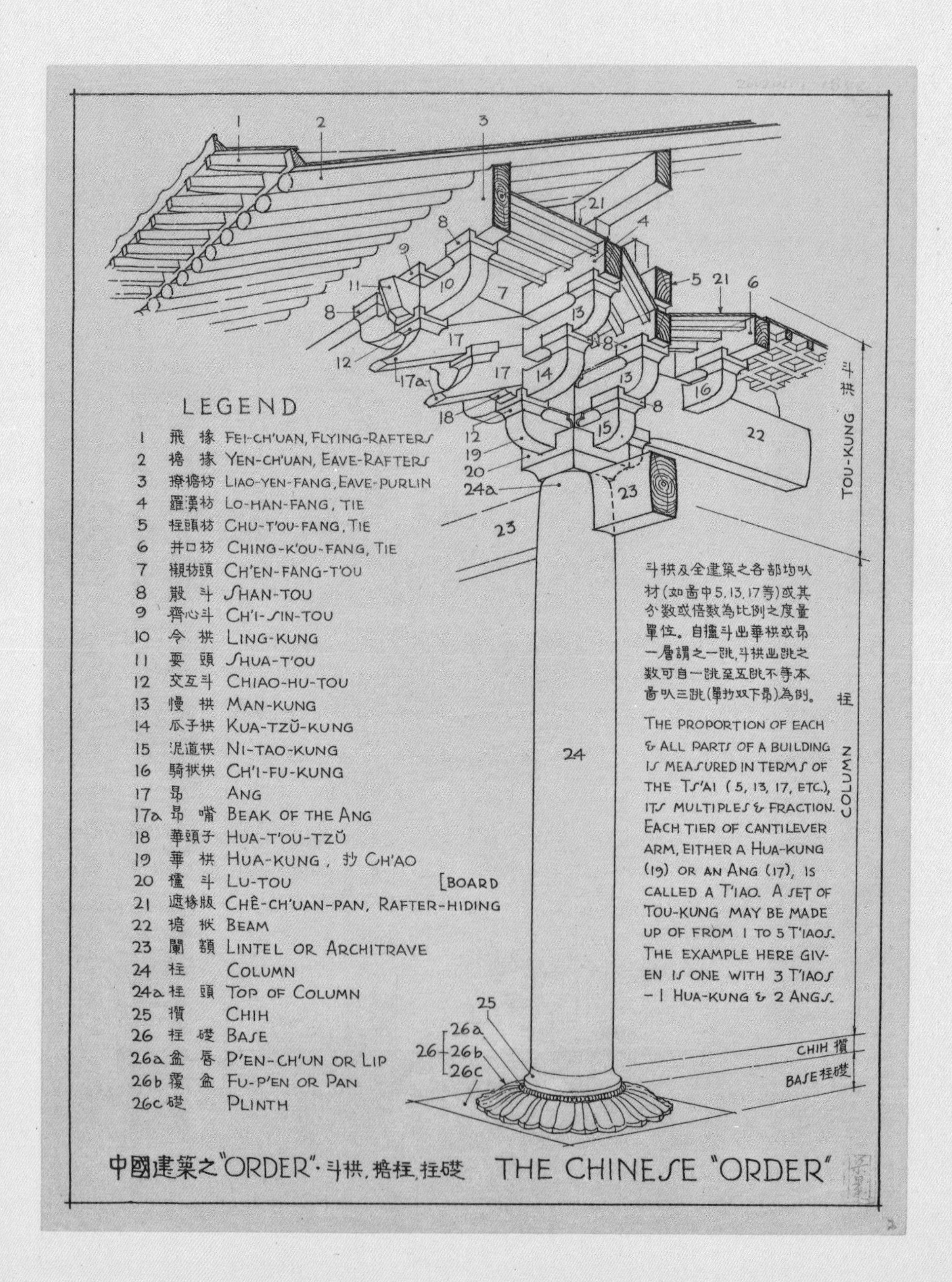
1
2
3
4
5
21
6
7
8
9
10
11
12
13
14
15
16
17
17a
18
19
20
22
23
24
24a
25
26
26a
26b
26c
斗栱
TOU-KUNG
柱
COLUMN
CHIH 櫍
BASE 柱礎
LEGEND
1 飛椽 FEI-CH'UAN, FLYING-RAFTERS
2 檐椽 YEN-CH'UAN, EAVE-RAFTERS
3 撩檐枋 LIAO-YEN-FANG, EAVE-PURLIN
4 羅漢枋 LO-HAN-FANG, TIE
5 柱頭枋 CHU-T'OU-FANG, TIE
6 井口枋 CHING-K'OU-FANG, TIE
7 襯枋頭 CH'EN-FANG-T'OU
8 散斗 SHAN-TOU
9 齊心斗 CH'I-SIN-TOU
10 令栱 LING-KUNG
11 耍頭 SHUA-T'OU
12 交互斗 CHIAO-HU-TOU
13 慢栱 MAN-KUNG
14 瓜子栱 KUA-TZŬ-KUNG
15 泥道栱 NI-TAO-KUNG
16 騎栿栱 CH'I-FU-KUNG
17 昂 ANG
17a 昂嘴 BEAK OF THE ANG
18 華頭子 HUA-T'OU-TZŬ
19 華栱 HUA-KUNG, 抄 CH'AO
20 櫨斗 LU-TOU
21 遮椽版 CHÊ-CH'UAN-PAN, RAFTER-HIDING [BOARD
22 檐栿 BEAM
23 闌額 LINTEL OR ARCHITRAVE
24 柱 COLUMN
24a 柱頭 TOP OF COLUMN
25 櫍 CHIH
26 柱礎 BASE
26a 盆唇 P'EN-CH'UN OR LIP
26b 覆盆 FU-P'EN OR PAN
26c 礎 PLINTH
斗栱及全建築之各部均以材(如圖中5,13,17等)或其分數或倍數為比例之度量單位。自櫨斗出華栱或昂一層謂之一跳,斗栱出跳之數可自一跳至五跳不等本圖以三跳(單抄双下昂)為例。
THE PROPORTION OF EACH & ALL PARTS OF A BUILDING IS MEASURED IN TERMS OF THE TS'AI (5, 13, 17, ETC.), ITS MULTIPLES & FRACTION. EACH TIER OF CANTILEVER ARM, EITHER A HUA-KUNG (19) OR AN ANG (17), IS CALLED A T'IAO. A SET OF TOU-KUNG MAY BE MADE UP OF FROM 1 TO 5 T'IAOS. THE EXAMPLE HERE GIVEN IS ONE WITH 3 T'IAOS - 1 HUA-KUNG & 2 ANGS.
中國建築之"ORDER"·斗栱,檐柱,柱礎 THE CHINESE "ORDER"

图7：梁思成将《营造法式》的斗栱"材分°制"比作中国建筑之"ORDER"(《梁思成图像中国建筑史手绘图》)

所言："对一个注定要走独一无二的中国建筑传统之路的建筑学家来说，布杂艺术所提供的训练，对他（梁思成）今后的成功是极为重要的。"

三、《图像中国建筑史》的杰出插图

梁思成的另一个学术理想即《中国建筑史》的撰写，是抗战时期在四川李庄完成的。

经过长达十余年的田野考察，梁思成和中国营造学社同仁共计调查了全中国两百多个市、县数以千计的古建筑，并且对其中大多数建筑进行了精细测绘。经他们考察测绘的古建筑，囊括了由汉至清的许多重要遗存，梁思成得以在此基础上大致廓清了中国古代建筑的发展脉络。尤为可贵的是，在抗日战争时期颠沛流离、贫病交加的生活条件下，梁思成带领学社成员在中国西南部继续坚持着古建筑考察与学术研究，并最终于1944年抗战胜利前夕，在李庄这个小村子完成了他平生第一部（也是唯一一部）《中国建筑史》的书稿。（图8）

这部建筑史的体例是每一章（即某朝代）基本都包括时代背景总述、代表性建筑实例以及该时代建筑特征与细节之分析——这与梁思成宾大笔记所展现的建筑史课的讲授框架高度相似，其实也与当时最权威的建筑史著作《弗莱彻建筑史》的体例如出一辙。不仅如此，梁思成依据建筑特

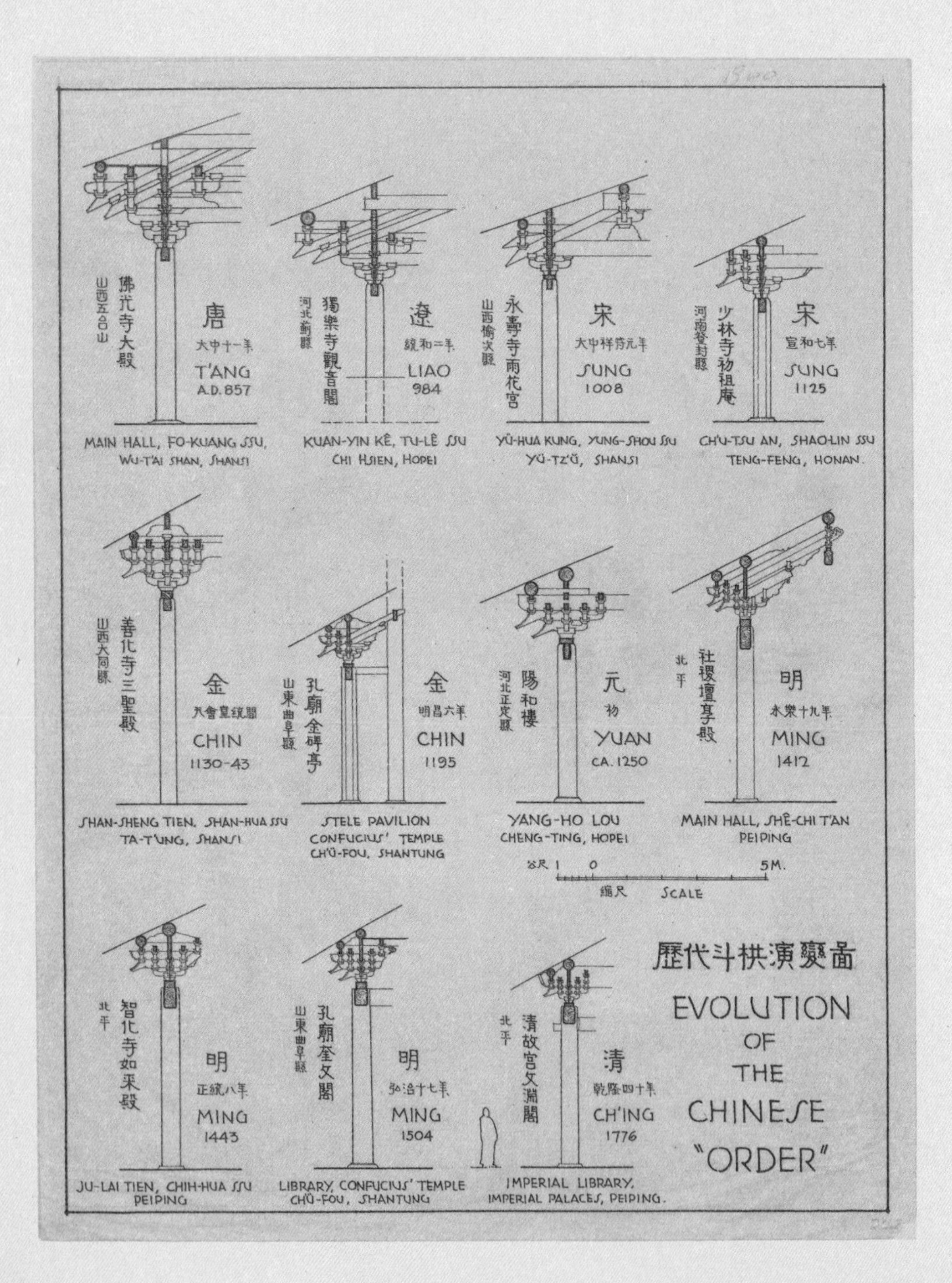

图 8：梁思成《图像中国建筑史》中归纳的历代斗栱演变图
（《梁思成图像中国建筑史手绘图》）

图 9:梁思成在李庄工作室绘图（清华大学建筑学院中国营造学社纪念馆藏）

征及细节(如斗栱和柱高的比例、普拍枋和耍头的演变等)对中国古建筑进行断代的研究方法,亦深受西方建筑史学术传统的影响。[3] (图 9)

更加值得注意的是,1946 年梁思成又完成了英文版的《图像中国建筑史》(A Pictorial History of Chinese Architecture)书稿,为的是能更方便地向西方世界介绍中国古代建筑的历史发展与辉煌成就。此书历经波折,直到 1984 年才在美国麻省理工学院出版社正式出版,并因其杰出的学术贡献而获得当年"全美最优秀出版物"的荣誉。该书的最主要特色,是通过精心绘制的建筑图纸和建筑实景照片,以及十分扼要的文字,给予西方读者一个关于中国古代建筑历史发展的简洁明晰的概括性认识,因此从某种程度上说,书中插图的作用甚至比文字还要重要。这本图解中国古代建筑史著作的成功,很大程度上得益于其丰富而翔实的插图——而这些精美绝伦的插图,可以说是青年梁思成在宾大建筑史课中绘制的那些习作的"升级版"。

《图像中国建筑史》里的手绘插图,是专为此书量身绘制的,全套图纸均达到了当时的世界一流水准,即便在今天看来,依然是中国古代建筑史研究插图中的经典之作,是一座难以逾越的高峰。早在宾大时期,梁思成就十分推崇《弗莱彻建筑史》一书的插图。该书典型的插图样式是把一批

3. 梁思成《中国建筑史》写作所受的来自西方建筑史的影响是个不小的学术课题,笔者无法在此展开,仅略述上面几点。

经典建筑或者单座重要建筑的不同图纸，通过精心安排的构图，组合成一幅图文并茂的大图，从而增加了这部建筑史专著的可读性。梁思成对自己的专著或者论文中的建筑图纸，一直都是以达到《弗莱彻建筑史》等西方经典著作的世界级水准作为基本要求。1932 年，梁思成在其《蓟县独乐寺观音阁山门考》一文中，已经绘制出具有世界一流水平的插图，尤其是其中的巨幅独乐寺观音阁立面渲染图和剖面图，将观音阁无比复杂的木构架，尤其是多达二十余种不同样式的斗栱构造，表现得有条不紊，并且还把位于楼阁中央、高达十七米的观音立像也画在了建筑剖面图中，完美地呈现出这座建于公元 984 年的辽代木结构楼阁的动人神韵。（图 10）

梁思成不仅对自己的绘图严格要求，还特地让专门帮他绘制插图的助手莫宗江也去仔细研究《弗莱彻建筑史》的插图，要求自己的弟子也要达到同样的水准。（图 11）高标准的要求，加上梁思成、莫宗江二人十余年来勤勉的训练，他们的建筑绘图技巧均达到了极高水平。他们笔下的中国古建筑测绘图，一方面秉承了西方建筑学的制图手法及其蕴含的西方古典主义美学精神，一方面又创造性地融入了中国传统工笔和白描的技巧，故而能更好地呈现中国古建筑独特的美感。这是西方和日本学者研究中国古建筑时都不曾达到的艺术境界，在世界建筑史经典著作的插图风格中也可谓独树一帜。（图 12、13）

中国古建筑的造型极为特殊，无论是木结构建筑中由柱、梁和斗栱等

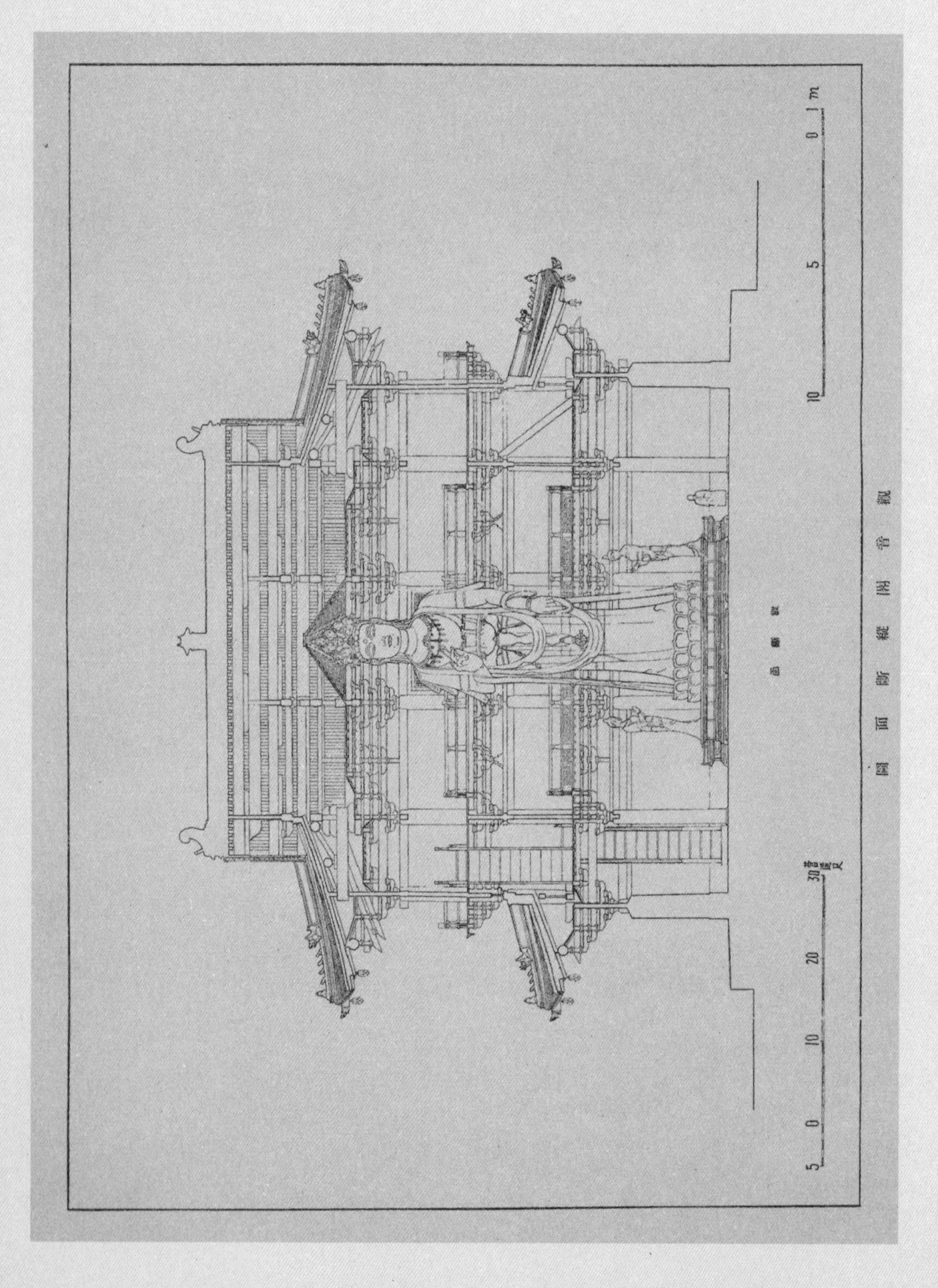

图10：梁思成绘制的独乐寺观音阁剖面图（《梁思成图像中国建筑史手绘图》）

图 11:梁思成(后)与莫宗江(前)在李庄工作室绘图(清华大学建筑学院中国营造学社纪念馆藏)

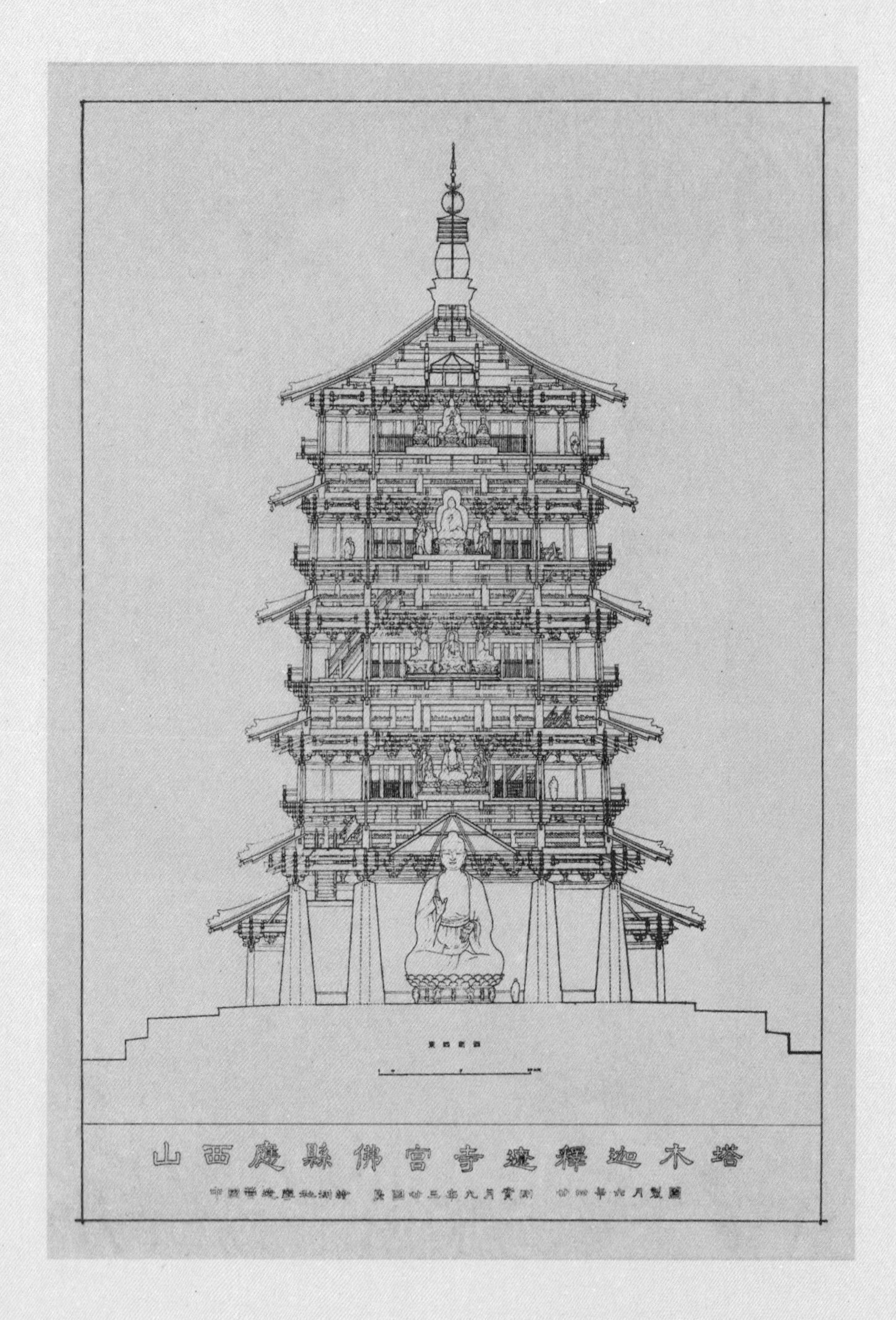

图 12：梁思成、莫宗江绘制的应县木塔剖面图（《梁思成图像中国建筑史手绘图》）

图 13：梁思成、莫宗江绘制的应县木塔渲染图（《梁思成图像中国建筑史手绘图》）

构件组合而成的富于美感的木构架，还是凹曲面的大屋顶上各式各样造型的瓦饰，以及丰富而优美的建筑装饰纹样，甚至建筑室内形态各异的雕像，所有这一切在梁、莫师徒二人的笔下，均得到生动的表现。特别是中国古建筑中带有大量复杂而微妙的曲线，大到屋面举折或举架形成的坡度，或者屋角的起翘，小到柱子、月梁和斗栱等构件的"卷杀"曲线，以及鸱吻、脊兽、瓦当、滴水等各种瓦饰的曲线，乃至剖面图中被剖切的木构件中呈现的木纹，所有这些曲线造型，有时是通过精确测量或计算的一组折线加以表现，但更多时候则要通过徒手绘制的微妙曲线来完成——可以说书中每一幅插图，都是尺规作图和徒手绘画的完美结合。这批墨线图中那一根根粗细得当、曲直自如的线条下所呈现出的中国古代建筑之美，很多时候甚至要胜过实景照片的效果，基本上每一幅图都可以当作一件杰出的艺术品来欣赏。（图14-16）

将梁思成、莫宗江在《图像中国建筑史》中留下的二人一生中最杰出的建筑图与这本《梁思成的作业》中收录的二十多岁的梁思成在宾大求学时练笔的习作相对照，我们可以清楚地看到梁思成这位杰出的建筑史学者（同时也是顶尖的建筑绘图高手）的成长历程。

四、建筑史教学

最后简要谈一谈梁思成的西方建筑史教学。尽管梁思成毕生的学术

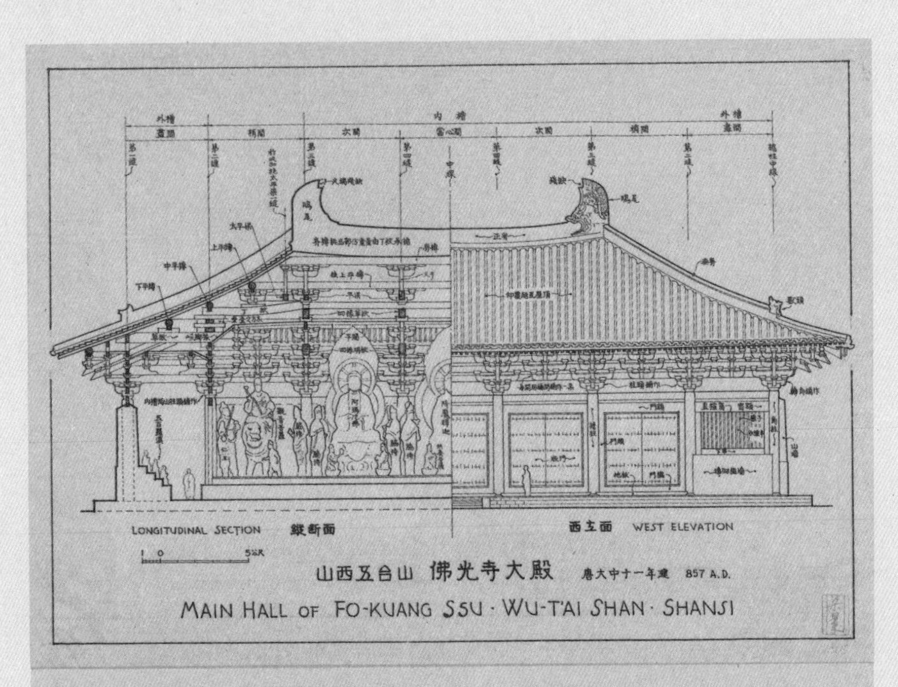

图14：《图像中国建筑史》插图之五台山佛光寺大殿（《梁思成图像中国建筑史手绘图》）

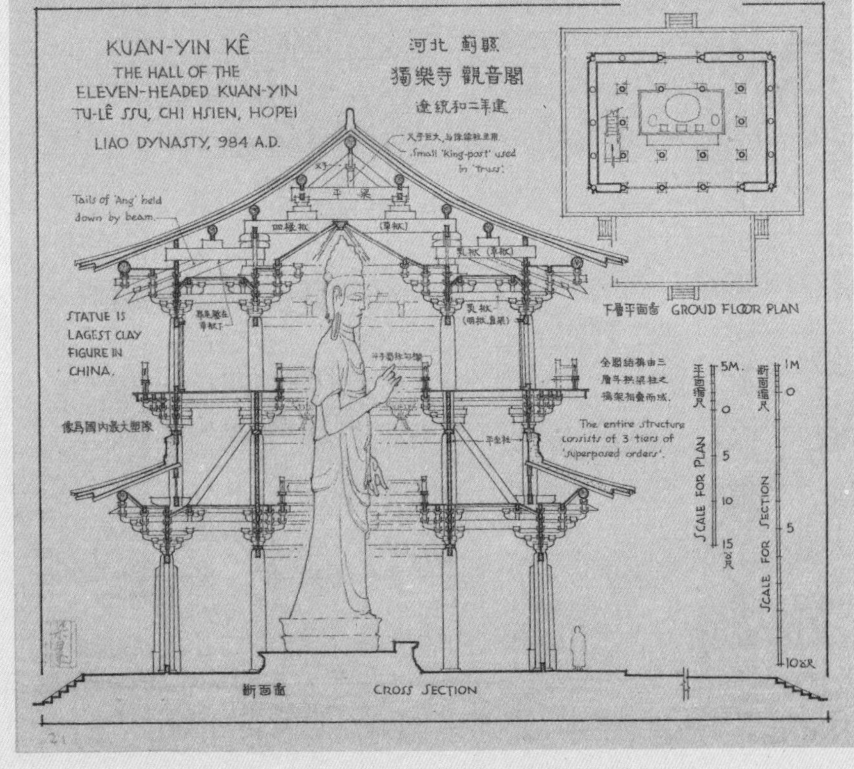

图15：《图像中国建筑史》插图之蓟县独乐寺观音阁（《梁思成图像中国建筑史手绘图》）

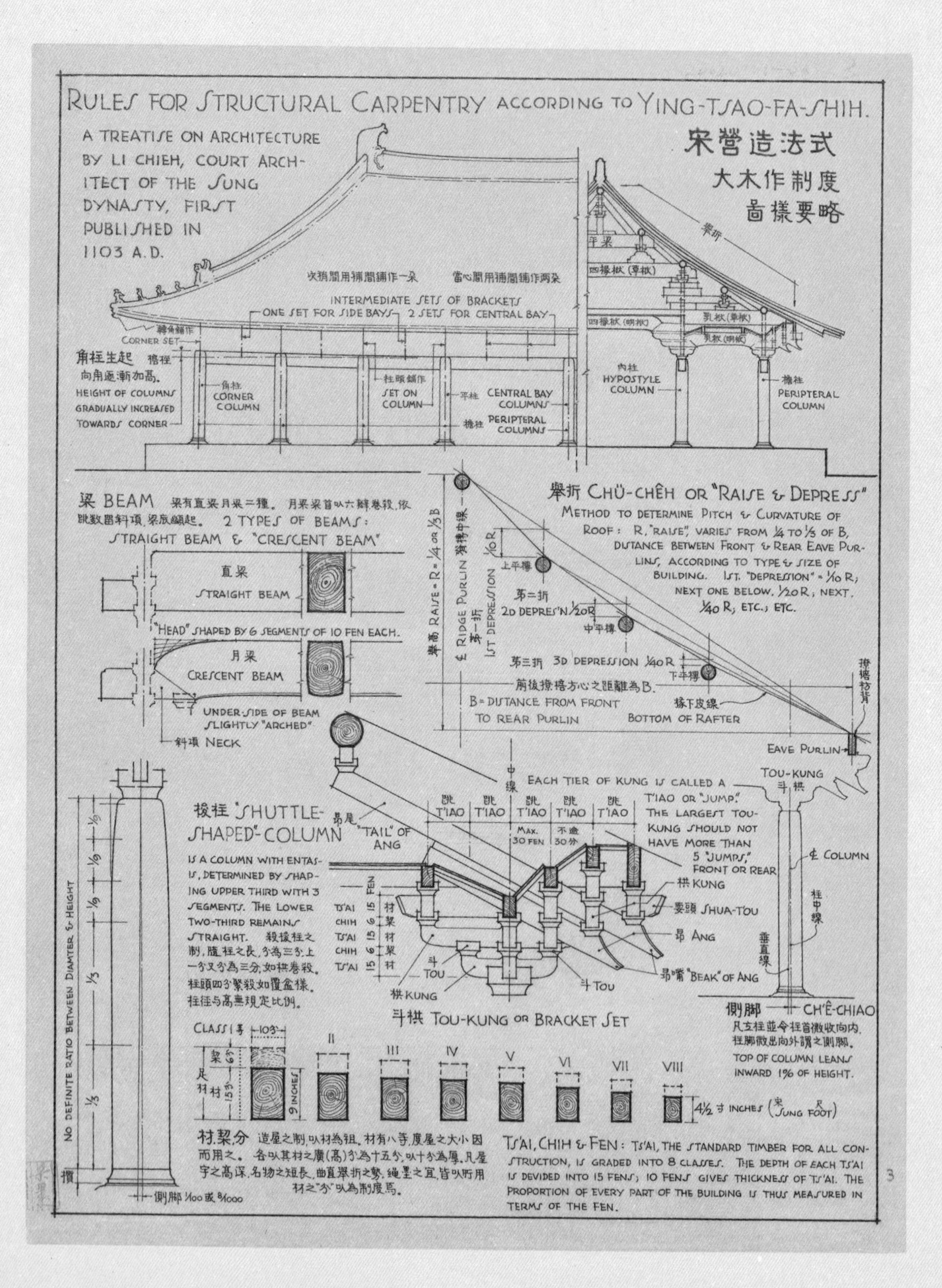

RULES FOR STRUCTURAL CARPENTRY ACCORDING TO YING-TSAO-FA-SHIH.
A TREATISE ON ARCHITECTURE BY LI CHIEH, COURT ARCHITECT OF THE SUNG DYNASTY, FIRST PUBLISHED IN 1103 A.D.
宋營造法式
大木作制度
圖樣要略
次梢間用補間鋪作一朵
當心間用補間鋪作兩朵
INTERMEDIATE SETS OF BRACKETS
ONE SET FOR SIDE BAYS
2 SETS FOR CENTRAL BAY
轉角鋪作
CORNER SET
角柱生起
向角逐漸加高.
HEIGHT OF COLUMNS GRADUALLY INCREASED TOWARDS CORNER
角柱
CORNER COLUMN
柱頭鋪作
SET ON COLUMN
平柱
CENTRAL BAY COLUMNS
檐柱
PERIPTERAL COLUMNS
舉折
平梁
四椽栿(草栿)
四椽栿(明栿)
乳栿(草栿)
乳栿(明栿)
內柱
HYPOSTYLE COLUMN
檐柱
PERIPTERAL COLUMN
梁 BEAM
梁有直梁月梁二種. 月梁梁首以六瓣卷殺,依跳數留斜項,梁底顱起.
2 TYPES OF BEAMS: STRAIGHT BEAM & "CRESCENT BEAM"
直梁
STRAIGHT BEAM
"HEAD" SHAPED BY 6 SEGMENTS OF 10 FEN EACH.
月梁
CRESCENT BEAM
UNDER-SIDE OF BEAM SLIGHTLY "ARCHED"
斜項 NECK
舉折 CHÜ-CHÊH OR "RAISE & DEPRESS"
METHOD TO DETERMINE PITCH & CURVATURE OF ROOF: R, "RAISE", VARIES FROM 1/4 TO 1/3 OF B, DISTANCE BETWEEN FRONT & REAR EAVE PURLINS, ACCORDING TO TYPE & SIZE OF BUILDING. 1ST "DEPRESSION" = 1/10 R; NEXT ONE BELOW, 1/20 R, NEXT, 1/40 R; ETC., ETC.
舉高 RAISE = R = 1/4 OR 1/3 B
℄ RIDGE PURLIN 脊槫中線
第一折 1ST DEPRESSION 1/10 R
上平槫
第二折 2D DEPRES'N 1/20 R
中平槫
第三折 3D DEPRESSION 1/40 R
下平槫
前後撩檐方心之距離為B.
B = DISTANCE FROM FRONT TO REAR PURLIN
椽下皮線
BOTTOM OF RAFTER
撩檐枋背
EAVE PURLIN
梭柱 "SHUTTLE-SHAPED" COLUMN
IS A COLUMN WITH ENTASIS, DETERMINED BY SHAPING UPPER THIRD WITH 3 SEGMENTS. THE LOWER TWO-THIRD REMAINS STRAIGHT.
殺梭柱之制,隨柱之長,分為三分,上一分又分為三分,如栱卷殺.柱頭四分緊殺如覆盆樣.
柱徑與高無規定比例.
NO DEFINITE RATIO BETWEEN DIAMTER & HEIGHT
側腳 1/100 或 8/1000
中線
EACH TIER OF KUNG IS CALLED A T'IAO OR "JUMP." THE LARGEST TOU-KUNG SHOULD NOT HAVE MORE THAN 5 "JUMPS," FRONT OR REAR
跳 T'IAO
MAX. 30 FEN
不逾 30分
昂尾
"TAIL" OF ANG
栱 KUNG
耍頭 SHUA-TOU
昂 ANG
昂嘴 "BEAK" OF ANG
斗 TOU
栱 KUNG
TS'AI 材
CHIH 栔
FEN
斗栱 TOU-KUNG OR BRACKET SET
TOU-KUNG 斗栱
℄ COLUMN
柱中線
垂直線
側腳 CH'Ê-CHIAO
TOP OF COLUMN LEANS INWARD 1% OF HEIGHT.
CLASS I
II
III
IV
V
VI
VII
VIII
9 INCHES
4½ 寸 INCHES (宋 SUNG 尺 FOOT)
材,栔,分
TS'AI, CHIH & FEN: TS'AI, THE STANDARD TIMBER FOR ALL CONSTRUCTION, IS GRADED INTO 8 CLASSES. THE DEPTH OF EACH TS'AI IS DEVIDED INTO 15 FENS; 10 FENS GIVES THICKNESS OF TS'AI. THE PROPORTION OF EVERY PART OF THE BUILDING IS THUS MEASURED IN TERMS OF THE FEN.

图 16 :《图像中国建筑史》插图之《营造法式》(《梁思成图像中国建筑史手绘图》)

研究绝少涉及西方建筑史专题，但是在宾大受到的西方建筑史教育，使得他得以在教学生涯中游刃有余地讲授西方建筑史课程——这从他的众多弟子的回忆中可见一斑。

东北大学建筑系是梁思成创办的第一个建筑系，他于 1928 年起担任东北大学建筑系主任，并亲自讲授"西洋建筑史"一课，当时的学生林宣追忆:"梁先生的设课在很大程度上仿美国宾州大学建筑系的课程体系。建筑史是其中的一门主课。……梁先生的讲课……其特点所在就是高度的'视觉化'。表现在:梁先生讲课，言语少，画图多。几乎每个典型实例都在黑板上画一遍。"东北大学的学生们也同样依循宾大的模式完成建筑史绘图作业:"在课堂上我们用最快速度来记笔记，跟着梁先生黑板图画一遍之后，课下各自找一本属于不同版本的原图来细描一遍，然后连同整理的笔记一同呈阅。梁先生认真批改，随堂发还。"

1946 年梁思成又创办了清华大学建筑系，也曾讲授外国建筑史课程。如今已是中国著名建筑大师的关肇邺回忆称:

"记得在建筑史课里，当(梁)先生讲到罗曼建筑如何发展成哥特式的，他边讲边画，从如何减薄了墙壁，出现了大窗，到如何加强壁柱，出现了扶壁、飞扶壁，如何加上小尖塔、吐水兽以及如何拉长了柱子，调整了比例，出现筋肋和各种装饰，短短十多分钟功夫，把哥特建筑形象的来龙去脉讲得一清二楚，同时黑板上也一步步地出现了一个极完整、极准确、极精美的哥特教堂剖面图和天花仰视图。从大的间架比例到细部装饰，无不维妙维肖。这堂课给我的印象实在太深了，真是终生难忘！"

此时的梁思成距离宾大求学时代已经二十余载，绘制了数以千计的中国古建筑测绘图稿，功力当然远超青年时期。在清华的讲坛上现场绘制西方经典建筑图，属于"重操旧业"，自非难事——即便如此，据梁思成自己说，别看他在课堂上画起来貌似轻松，其实备课时都要默画许多遍。可见，已经成长为中国建筑史一代宗师的梁思成，依旧还是宾大求学时那个勤勉严谨、一丝不苟的梁思成。

参考文献

梁思成．梁思成全集．北京：中国建筑工业出版社，2001

费慰梅著；成寒 译．中国建筑之魂：一个外国学者眼中的梁思成林徽因夫妇．上海：上海文艺出版社，2003

梁思成．梁思成图说西方建筑．北京：外语教学与研究出版社，2014

梁思成．梁思成建筑画．天津：天津科学技术出版社，1996

贾珺．梁思成绘外国历史建筑图稿管窥．建筑学报，2018(3)：31-35

王军．梁思成"中国建筑型范论"探义．建筑学报，2018(9)：84-90

王南．营造天书．北京：新星出版社，2016

编辑委员会．梁思成先生诞辰八十五周年纪念文集．北京：清华大学出版社，1986

导　读

INTRODUCTION

1. 本书的主要内容是梁思成先生在宾夕法尼亚大学学习建筑史课的笔记和作业，从1925年9月28日开始至1926年3月22日，一共有36节课，是否为完整的建筑史课的笔记和作业，目前不可考。

2. 这些笔记内容分为三部分，第一部分是梁思成先生上课的笔记内容，第二部分是建筑图，第三部分是梁先生根据上课的内容，课后阅读了大量的书籍后做的摘录和笔记。

3. 在摘录的文字前有一个括号，括号里是这些摘录文字的来源，比如（芒茨），就代表这部分文字的内容来自法国作家芒茨的著作。

4. 有一点特别需要向读者朋友们说明的是，西方建筑和西方建筑师的中文译名众多，为了防止混淆，我们按梁先生当年修读这门课时的指定参考书《弗莱彻建筑史》（*Sir Banister Fletcher's: A History of Architecture*）中的译名做了统一。

5. 本书涵盖了文艺复兴时期众多的建筑和建筑师，为了方便读者朋友的查找，我们特地在全书的最后做了一个图表，清晰地列出了这些建筑的中英文名称、所在城市、建筑师的名字。

罗曼努姆广场(The Roman Forum)

1. 大角斗场
2. 君士坦丁凯旋门
3. 维纳斯和罗马神庙
4. 提图斯凯旋门
5. 君士坦丁巴西利卡
6. 神圣之路
7. 帕奇斯神庙
8. 安东尼和福斯蒂娜神庙
9. 维斯太神庙
10. 玛尔斯神庙
11. 埃米利亚巴西利卡
12. 卡斯托尔和波卢克斯神庙
13. 尤利亚巴西利卡
14. 赛维鲁凯旋门
15. 协和神庙
16. 维斯帕先神庙
17. 萨特恩神庙
18. 卡比托利欧山
19. 元老院
20. 图拉真广场
21. 图拉真纪功柱

罗曼努姆广场(The Roman Forum)曾经是罗马共和国的中心，广场内遗留的众多古老建筑成为文艺复兴时期的艺术家和建筑师们寻找灵感的地方。

THE ROMAN FORUM.

RESTORED AFTER TAYLOR & CRESY.

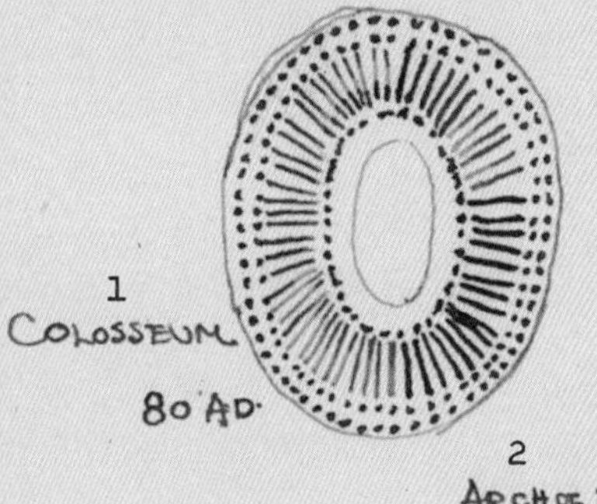

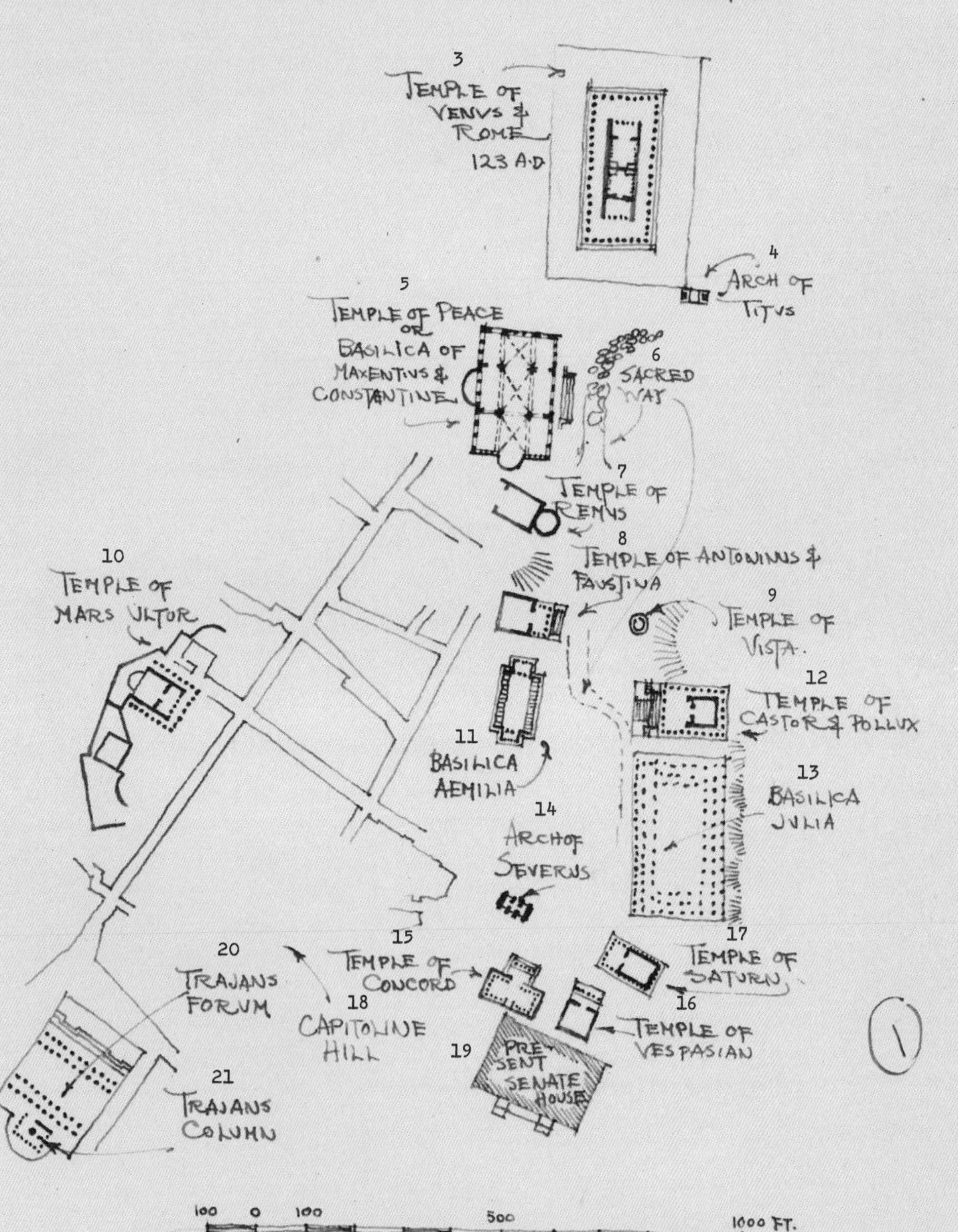

100 0 100 500 1000 FT.

第一课:9 月28日，1925 年

文艺复兴时期的建筑

什么是文艺复兴　"文艺复兴"(Renaissance)一词源自法语，即"再生"之意。这个专业术语指的是 15 世纪初期古典文化的复兴。

文艺复兴运动从根本上是倡导个人主义。西蒙(Simon)称其为"个人自由意识的觉醒"。随着文艺复兴而来的是这种"个人自由意识的觉醒"的思潮，即倡导个人独立思考，包括冲破教会的束缚。英语用"Renascence"一词表达同样的意思。

这个时代的人们时常带着批判的眼光，将文艺复兴视为一段模仿的时期。在某种程度上，这种说法是正确的，但是他们似乎忽略了古罗马人深受希腊人的影响，甚至比文艺复兴受到古典主义影响，沿袭古典主义的程度更深。许多事物发生了变化，许多事物则沿袭了传统，因此很难概述这段时期的建筑特色。

无论在意大利的佛罗伦萨，还是法国、英国，这段时期的建筑大都保存完整。

文艺复兴的开端　　15世纪初期，文艺复兴起源于意大利。

我们通常把菲利波·布鲁内莱斯基（Filippo-Brunelleschi）视为这一时期建筑领域的首位代表人物。

起源于意大利的原因：

1．社会与政治环境

2．古典的影响

a. 古典传统的沿袭

b. 古典遗迹的尚存

c. 古典文学的复兴

3. 意大利人无法接受哥特式建筑

第二课:9月29日,1925年

研究领域

关于文艺复兴时期艺术领域的研究是取之不尽、用之不竭的,因为保留了许多古典遗迹,史料也很充足。所有的艺术作品保存完好,这为我们从事绘画、雕塑和建筑的比较研究提供了便利的条件。

文艺复兴与近代以来

我们生活的时代和文艺复兴时期存在一定的共性,即均生活在商业时代。例如:最著名的艺术赞助人便来自意大利,是从事银行业务的望族美第奇家族(Medici)。

自文艺复兴时期起,建筑风格没有发生重大的变动,仅出现过一些小规模的变化,比如:英格兰的维多利亚修复(哥特复兴)、希腊复兴等。近代以来的建筑受到文艺复兴时期的影响比其他时期大,并且仍旧沿袭古典的建筑风格。

起源于意大利的原因

公元8世纪,法兰克国王矮子丕平(Pepin the Short)征服了拉韦纳(Ravenna),篡位称王,创造了教皇国。丕平的儿子查理曼(Charlemagne, Charles the Great)希望统一罗马帝国。公元800年,他最终征服了伦巴第,伦巴第人对意大利的统治就此结束。查理曼获得罗马教皇的加冕,成为神圣罗马帝国皇帝。他的称帝在某种程度上依靠了教皇的势力,无论是在世俗方面,还是宗教方面,教皇的势力范围都在不断扩大。罗马作为政府的中心,自然吸引人们前往。

德意志国王

查理曼死后,法兰克王国被他的孙子们瓜分,帝国一分为三。公元10世纪,奥托大帝(Otto the Great)来到意大利,在罗马加冕,成为皇帝。

德意志其他各公国的国王都非常嫉妒奥托一世,并派出许多军力来维护本公国王权。

教皇与国王之间的冲突

与此同时,教皇与国王之间发生了冲突。随之分成了两个派系,圭尔福派(Guelphs)支持教皇,吉贝利内派(Ghibellines)则站在国王的一边。

公元11世纪,格列高利七世(Gregory VII)甚至不顾忌国王是否同意,擅自登上了教皇的宝座。

封建时期

整个欧洲的政局动荡不安。北部地区，封建制度盛行，在这里最终得以确立并巩固。封臣受到了有影响力的领主的保护。一旦有人召集，人们时刻准备着投入战斗。除了修道院，没有一处地方是和平的。贵族势力强大。

意大利封建制度的失败

意大利的封建制度推行起来并不成功。村镇和城市是最基层的单元。工匠与行会的合作成为城市的主流，每一个行会自身都有一套完整的架构。在伦巴第，教会团结人民以抵抗国王。在________，平民与贵族联合反抗教会。

注：作者笔记中为空格。

教会和它的信徒们比皇帝更能代表国家，但是城市的居民却不能完全接受教皇或者皇帝。城市之间彼此争斗，它们形成了独立的共和国。商行的业主们、德意志贵族们为了在城市生活而争斗，给人们带来很多麻烦。

1250 年，德意志贵族放弃了意大利半岛，教皇移居法国。意大利没有了统治者。城市无疑陷入了混乱。

城市与国家

人们接受教育的程度决定了城市管理的难易。政府迫使个体必须无条件服从国家的权力。在走入社会的少数群体中，产生了外交家和政治家。

1850 年，意大利统一之际，遇到了非常大的困难，人们更依赖城市，

（6）

对国家并没有什么认同感。

这一时期的艺术更趋向于平民化。

城市间的联合彻底瓦解。佛罗伦萨必须控制比萨(Pisa)才能到达海边，征服锡耶纳(Siena)以掌控通向罗马的道路。当一座城市被征服了，而征服者并没有主动与被征服者融合，被征服者就会感到备受压迫。

在公元14世纪期间，一部分大家族掌控了城市，例如美第奇家族。他们使出浑身解数来谋得要职，属于备受吹捧的政界大亨。政界经常暗藏危机，随时会出现一批人占据优势，将另一批人推翻。对于这种政府而言，与知识分子阶层结盟是最明智的选择。这些政界大亨给予知识分子显要、体面的职位。这些专制的君主们都希望自己能够流芳百世，他们手中都有一大笔可用来支配的款项，于是他们把相当一部分精力转向了艺术领域。

下页图为梁思成先生手绘的意大利地图，地图中标注的几座城市是从事文艺复兴时期建筑研究的重要研究对象。

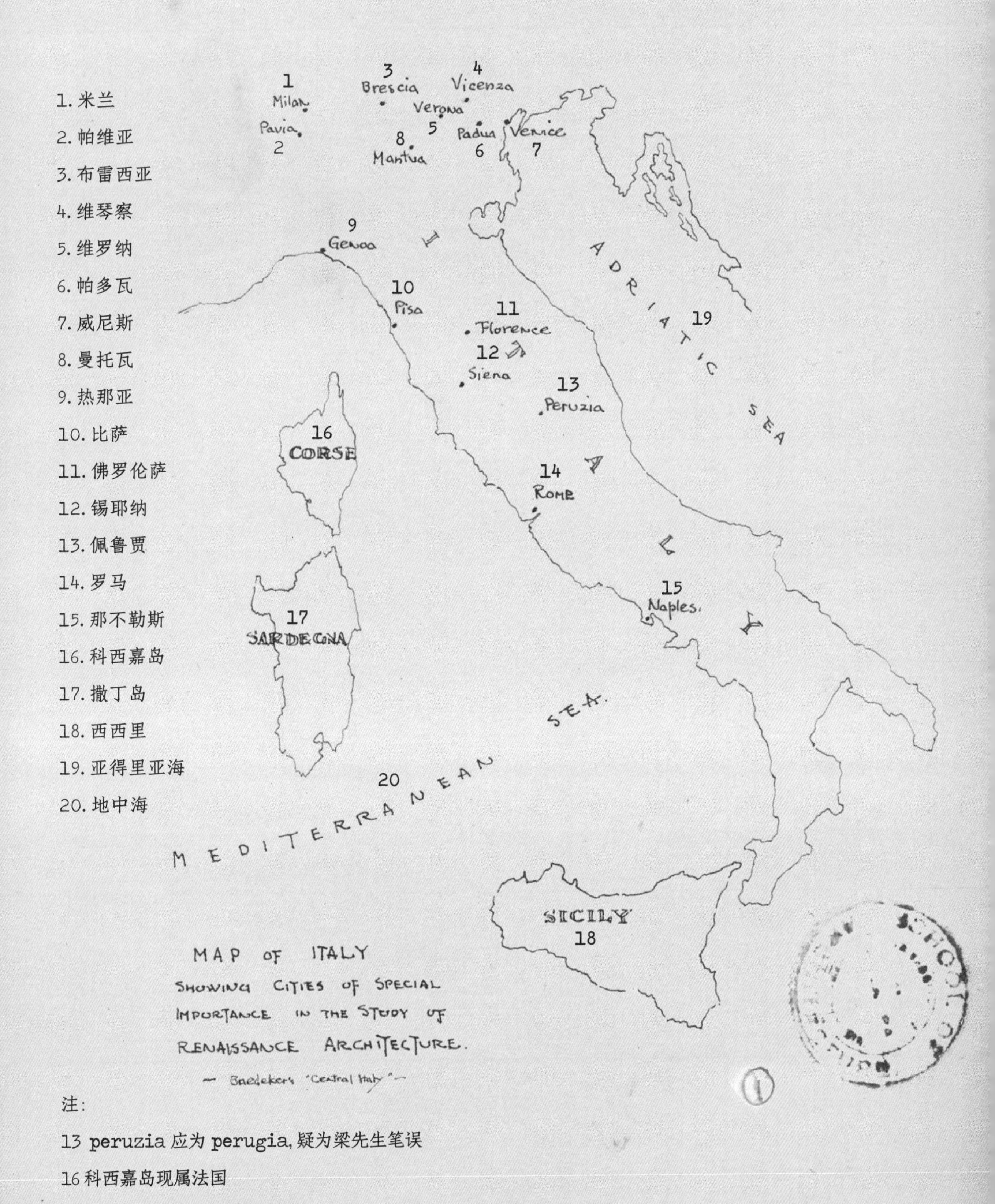

注：

13 peruzia 应为 perugia，疑为梁先生笔误

16 科西嘉岛现属法国

第三课:10 月5 日, 1925 年

雇佣兵队长　　专制统治后期出现了"雇佣兵队长",他们是专治的君主吸纳的部队首领。市民为摆脱战乱而感到高兴。君主花重金招募部队首领,部队首领会带着自己的部队。专制的君主也非常乐意这样做,他们认为部队首领收取了他们的钱财,就不会起身反抗,但是雇佣兵队长们很快意识到自己的军事实力,便发动兵变,推翻了专制的君主。

个体的发展　　我们主要关注的是个体的发展,这是文艺复兴的一个重要因素。个人自由意识的觉醒源自政府的体制。文艺复兴初期,一个人的个性和才华都会影响到建筑设计。个性,这个在中世纪时期受到压制的性格特点,如今开始得到了解放。

幸存的"拉丁语"　　13 世纪中叶至 14 世纪初期诞生了"文坛三杰":但丁(Dante Alighieri)、彼特拉克(Francesco Petrarca)和薄伽丘(Giovanni Boccaccio),他们在

古典文学方面均有很深的造诣。如果艺术的发展需要革命性的运动，那么文学尤为需要。

尽管人们认为但丁所处时代属于中世纪末期，但是也可以算是新纪元的开端。彼特拉克是文艺复兴时期第一位作家。这三位文艺复兴的先驱者均对古典神话产生了兴趣，开创了文艺复兴文学。他们坚持用"本土语"写作。

古典文化的复兴　　古典艺术的面貌是影响古典文化复兴的另一个强有力的因素。在整个中世纪，留存下许多历史遗迹。而许多古迹在文艺复兴初期开始消失。文艺复兴期间，一些残缺的古迹的石块被挖去用来建造新的建筑，古罗马斗兽场就是其中一例。一些大理石被磨成了石灰。

1453年，君士坦丁堡(Constantinople)陷落，东罗马帝国的一批希腊学者逃至西欧。13世纪初期，雕塑家皮萨诺(Pisano)的作品受到古典风格的影响。他从比萨和锡耶纳的罗马石棺上的浮雕中学习雕塑手法。尽管他的作品属于哥特风格的，但也受到了古典风格的影响。哥特时期的一些装饰具有古典特色，这也体现在绘画的装饰中，比如叶形装饰等。

一些从事建筑与艺术领域研究的学者认为，如果意大利没有受到外来传教士的影响，那么他们迟早要回归古典主义。

无法接受的哥特式建筑风格

哥特式建筑并非"土生土长"于意大利，意大利人对建筑结构方面的问题并不感兴趣。尽管拉杆看起来并不是很宏伟，但是意大利人还是用它取代了扶壁。建筑仍旧使用巴西利卡式的木结构屋顶。由于气候的原因，大面积使用玻璃显得不合时宜。窗户占圆柱之间的空间不足三分之一，这样就提供了大面积连续的墙面，这些完整的墙面上绘制了一系列壁画，这些小型壁画都有标准尺寸，于是带来的最大好处是为墙体带来了尺度感。从外部看，墙壁显得非常雄伟壮观。

注：巴西利卡，长方形会堂。古罗马的一种公共建筑物，用作市场、法院和会议大厅。古罗马的巴西利卡成为后来所有西方教堂建筑发展的基础。

开阔的平面

古典建筑的另一个特点是平面看起来非常开阔。在意大利北部，侧廊是独立的。而在意大利哥特式建筑中，侧廊和中殿等高，看起来已经融为了一体。

区域的影响

意大利北部受德国人的影响很大，南部受到诺曼人影响，而托斯卡纳地区则受到伊特鲁里亚人的影响。

第四课:10月6日,1925年

研究资料的其他来源　资料主要来自于关于城市的一些介绍,也有一些来自与米开朗琪罗(Michelangelo Buonar-roti)同属一个时代的艺术史学家瓦萨里(Giorgio Vasari)所撰写的关于文艺复兴早期艺术家、哲学家、诗人等的文献。但是这些资料并非完全可靠。

文艺复兴早期　文艺复兴早期,或者说文艺复兴形成时期,大约是在15世纪,即1420年至1490年。这个时期艺术的灵感主要来自罗马遗迹和(建筑物的)装饰。艺术作品造型独特,创作自由、优雅,在意大利北部尤为突出。因为这一时期的建筑师对罗马建筑知之甚少,所以这时期的建筑与后来相比,并没有较突出的仿古痕迹。

文艺复兴全盛时期　文艺复兴全盛时期,也是艺术发展的黄金时期,出现了一批杰出的艺术家,像米开朗琪罗、拉斐尔(Raphael Santi)等人。16世纪早期,人们更加关注古典装饰的再现。(建筑的)柱式被用于大部分的建筑构造当中。艺术的整体发展趋势更加充满活力而欠缺精细。形式更加沉重,投射下大面积昏暗的阴影。

古典主义时期　　16世纪后半叶,即帕拉第奥(Andrea Palladio)和维尼奥拉(Vignola)所属的时期。这一时期的建筑具有数学的美感与精确性,比如重视柱式的比例,巨柱式也是这时期的特征之一。

洛可可与巴洛克　　17世纪盛行,其特点是反对刻板、俗套、程式化的风格。这一时期常用灰泥涂于大理石外。在建筑中对雕像的使用较为随意。因为使用灰泥作建材,装饰显得无约束且粗糙。又因为使用灰泥时,曲线比直线更加容易制作,到处可以看到随性的曲线。柱式也很随意。断开的檐部,顶部上下颠倒,等等。

新古典主义时期　　18世纪,风格趋向简约、古典、纯粹。

文艺复兴早期

文艺复兴有三处发源地,也可以说是"三大流派"。

1. 佛罗伦萨学派（托斯卡纳） 该学派以佛罗伦萨为中心，非常具有影响力，覆盖地区包括托斯卡纳、翁布里亚(Umbria)，甚至罗马，或者说该学派囊括佛罗伦萨南部所有地区。该学派的建筑使用的主要材质是石头，设计的特点是追求纯粹，讲究对称。法国作家芒茨(Müntz)称其为"纯粹主义者学派"。

2. 伦巴第学派 伦巴第大区的大片平原，位于半岛北部，偏西，中心在米兰，包括帕维亚(Pavia)和博洛尼亚(Bologna)。该学派的建筑较少使用石头，大量运用砖头与赤陶土。因为使用模具并不需要增加劳动力，所以导致（建筑物的）装饰剧增。建筑风格华丽，留存下了大批古老别致的哥特式纹样。芒茨称其为"幻想主义学派"。

3. 威尼斯学派 发源地位于半岛的东北部，以威尼斯为中心，由于威尼斯与东方联系紧密，有着非常显著的拜占庭传统风格。该学派建筑的特征是镶嵌大理石作为装饰，颜色的使用展现出东方艺术特色。芒茨称其为"多彩主义者学派"。

文艺复兴时期，艺术家自身的特点非常重要，因此我们有必要研究他们的传记。

佛罗伦萨学派

菲利波·布鲁内莱斯基(Filippo Brunelleschi)

菲利波·布鲁内莱斯基生于1377年，于1446年逝世。父亲是一名律师。布鲁内莱斯基与他父亲同样爱好制作手工艺，他跟随金匠做学徒，花费时间钻研技工。威尼斯的金匠非常有名，这里的大部分建筑师都曾跟随着金匠做过学徒，他们从金匠那里学习绘图和雕塑。布鲁内莱斯基对雕塑非常感兴趣，并与雕塑家多那太罗(Donatello)取得联系。1401年，他参加了佛罗伦萨洗礼堂青铜大门设计方案的提案，其中包括以"献祭以撒"(Sacrifice of Isaac)为主题的镶板设计。竞争在布鲁内莱斯基与洛伦佐·吉贝尔蒂(Lorenzo Ghiberti)之间进行，尤里(Jury)建议两人一起创作。据瓦萨里记载，布鲁内莱斯基慷慨地把这个机会让给了吉贝尔蒂，而一些当代史学家的说法则认为是布鲁内莱斯基拒绝了比稿。后一种说法听起来似乎更可靠。

布鲁内莱斯基与多梅尼基尼(Domenichini)去罗马学习古典装饰，同时在金匠铺打工为生。他有两大野心：1.将罗马的建筑风格带回去；

2. 将13世纪最初由阿诺尔福·迪·坎比奥(Arnolfo di Cambio)设计的佛罗伦萨主教堂穹窿完成。

当布鲁内莱斯基回到佛罗伦萨，带有圆窗的鼓座上方的穹窿已经开始动工。

课后笔记

布鲁内莱斯基

生卒时间与地点资料

1377—1446 年 4 月 15 日（佛罗伦萨）—— 芒茨与辛普森（Müntz& Simpson）

1375—1444 或 1446 年 —— 沃辛顿（Worthington）

家庭

父亲 —— 布鲁内莱斯科·迪·利波（Brunellesco di Lippo），律师，军务大臣

母亲 —— 朱利亚娜·斯皮尼（Giuliana Spini）

早年生平

布鲁内莱斯基最初涉猎法律和医学领域，后来又担任过外交使节，而后给金匠做学徒，主攻机械和钟表。1421 年，他发明了可在阿尔诺河上航行的渡轮，此外布鲁内莱斯基还发明了投石器等。他也擅长雕塑。1401 年，他参与竞标佛罗伦萨第二座洗礼堂大门的建造设计，最终

拒绝了与吉贝尔蒂的比稿。据法布里奇(Fabriezy)所述，布鲁内莱斯基首次造访罗马是在1403年，第二次到罗马是在1405年。据马内蒂(Manetti)所述，布鲁内莱斯基第一次前往罗马应该是1401-1404年。（瓦萨里）

"他在罗马待了四年；一些权威人士称，他一直待在罗马。另有史料记载，他在逗留一年半之后又返回佛罗伦萨数月。事实究竟如何并不重要，但所有人一致认为布鲁内莱斯基在罗马的学习十分关键。那段时间，他的资金来源主要是靠在离开佛罗伦萨前变卖的一处房产，也从事些雕塑和金匠的手艺赚些生活费。"瓦萨里为布鲁内莱斯基在那里的生活勾勒出一幅生动的图画，"他测量并绘制了各种各样的建筑、庙宇（圆形的、正方形的、八角形的）、巴西利卡、高架渠、浴室、拱门、罗马圆形大剧场、半圆形露天剧场乃至所有教堂的平面和结构图。"

布鲁内莱斯基的主要作品列表

佛罗伦萨大教堂穹窿(the Dome of Florence Cathedral)，佛罗伦萨

巴齐礼拜堂(the Pazzi Chapel)，佛罗伦萨

圣洛伦索教堂老圣器室(Sacristy, Basilica of San Lorenzo)，佛罗伦萨

圣洛伦索教堂(S.Lorenzo),佛罗伦萨

圣灵教堂(S.Spirito),佛罗伦萨

菲埃索莱大教堂(The Cathedral of Fiesole),佛罗伦萨城外

天使圣母教堂祈祷室(the Oratory of S.Maria degli Angeli),佛罗伦萨

育婴院(the Foundling Hospital),佛罗伦萨

圣保罗医院走廊(Loggia, S.Paolo),佛罗伦萨

皮蒂宫(The Palazzo Pitti),佛罗伦萨

巴齐-夸拉泰西府邸(Palazzo Pazzi-Quaratesi),佛罗伦萨

圣十字教堂第二个回廊院(Second Cloister, S.Croce),佛罗伦萨

p19,佛罗伦萨圣保罗医院走廊立面图

p20,佛罗伦萨圣十字教堂门廊立面图

LOGGIA OF THE HOSPITAL S. PAOLO -
(GRANDJEAN)

DOORWAY CLOISTER OF
ST CROCE
FLORENCE
(GRANDJEAN)

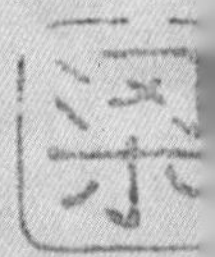

第五课:10月12日, 1925年

佛罗伦萨大教堂穹窿　　(the Dome of Florence Cathedral), 佛罗伦萨

穹窿的平面呈八角形,四面窗间的墙壁与四扇大型尖拱交错。

布鲁内莱斯基被那些当权者们召回,但是他们又无法作出任何决定。于是布鲁内莱斯基愤然离开了佛罗伦萨,当权者们请求他回来。他们希望布鲁内莱斯基对设计方案作出说明,却遭到了反对。布鲁内莱斯基建议应该开一个世界建筑师大会来讨论此事,会议于1420年召开,事实上,只有意大利的建筑师参加了会议。这次会议最重要的议题是建造穹顶的方式的问题。其中一个方案建议指出: 应该用大量混有便士的泥土堆砌在穹窿的中心,或者是以类似的做法处理中心部分。布鲁内莱斯基的方案非常激进,他被参会者驱逐出会场,但是他仍旧不断努力地逐个说服反对者,终于赢得了行会会员的支持。最终他提交了详细的方案。

尽管布鲁内莱斯基撰写了详尽的方案,但是连他自己都不确定未来会发生什么。他计划建造一个双层护壳的八角形穹窿,没有中心。最终方案

被采纳了，但是当权者让他做吉贝尔蒂的助手，这束缚了他的手脚，非常不利于他的自由发挥。1423 年，布鲁内莱斯基设计制作了一系列穹窿模型。1425 年，当权者中断了吉贝尔蒂的薪水，直到第二年 1 月才重新支付，但是在 1432 年，他的薪水还是停发了。1433 年，布鲁内莱斯基开始独立承担穹窿的设计建造工作。

巨大的八角形穹窿并非最初的设计方案。1348 年，佛罗伦萨发生了一场可怕的瘟疫，人们丢弃钱财，逃离城市。教堂变得富有起来。罗马万神庙穹窿直径约 140 英尺（约 43 米）。虽然可以从万神庙汲取灵感，但布鲁内莱斯基并没有这样做。

方案

布鲁内莱斯基设计的穹窿分为内外两层。在剖面图中，他决定使用一个高高的尖拱以减少穹窿的侧推力。两层之间由肋拱连接。8 根主肋搭在穹窿的 8 个角落，16 根间肋居于其间。这些肋拱与薄壳穹面同时建造，并非哥特式建筑架构。除了肋拱，穹窿的建造使用了水平拱，而后采用大量的金属和木材捆绑，称之为"链"，原理与拉杆一样。下半部分由石块构筑，上半部分由砖石砌成。两层之间有扶手楼梯。建筑设计并非复制罗马的建筑，而是对罗马遗迹深入研究的结果。理论上，它是一个平面为八角形的回廊穹窿。

穹窿在建筑方面的影响

在那个时期，该穹窿的建造设计产生了巨大的影响，它是圣彼得大教堂穹窿的先驱。同时在建筑学的教学方面，影响也不可小觑。穹窿的建造方法借鉴自中世纪，装饰受一定的古典风格影响，尤其是顶部的采光亭，显示了纯正的古典装饰风格。

内部

布鲁内莱斯基原本计划用马赛克装饰穹窿的内部，但是最终没有实现。他把这项任务留给了一批工匠。穹窿内部如果能使用突出的肋拱会更好。

课后笔记

修建佛罗伦萨大教堂穹窿

日期

1366 年，聚集建筑师设计绘制东边翼部，与此同时，确定了穹窿的形状，

即覆盖一个八角形穹顶；

1407 年，召开了第一次会议，商讨决定建造鼓座（瓦萨里）；

1418 年，组织比稿（负责砌砖的建筑工）；

1420 年，和吉贝尔蒂明确建筑规范并委任各工匠头领；

1424—1425 年，重新设计一套规范；

1433 年，之后吉贝尔蒂被解雇；

1436 年，八月，穹窿完工；

1443 年，宣布布鲁内莱斯基为该建筑唯一建筑师；

1446 年，布鲁内莱斯基去世；

1467 年，采光亭完工。

下页图为佛罗伦萨大教堂穹窿的立面图、剖面图和平面图

THE DOME
of THE CATHEDRAL OF
FLORENCE

第六课:10月13日, 1925年

布鲁内莱斯基的其他建筑作品

布鲁内莱斯基毕生从事穹窿的建筑设计，当然他还设计建造过其他一些建筑。

巴齐礼拜堂

(the Pazzi Chapel),佛罗伦萨

巴齐家族礼拜堂，建造时间不详。据有些文献记载，巴齐礼拜堂直到1430年才开始建造，并不像有些文献提到的它早在1400年已经开始动工。礼拜堂大致是在布鲁内莱斯基到罗马之后开始兴建的，它位于佛罗伦萨圣十字教堂的回廊旁。建筑的设计风格很自由，但是回廊阻碍了门廊。尽管如此，它比起已经完善的地基显得更加随意。两个筒形拱居于由帆拱支撑的穹窿的左右两侧，拱顶的内部仿照外部结构。立柱是科林斯风格的，柱头粗糙，与建筑的其他部分不协调。根据一些权威解释，柱头多少沿袭了传统罗马式建筑。

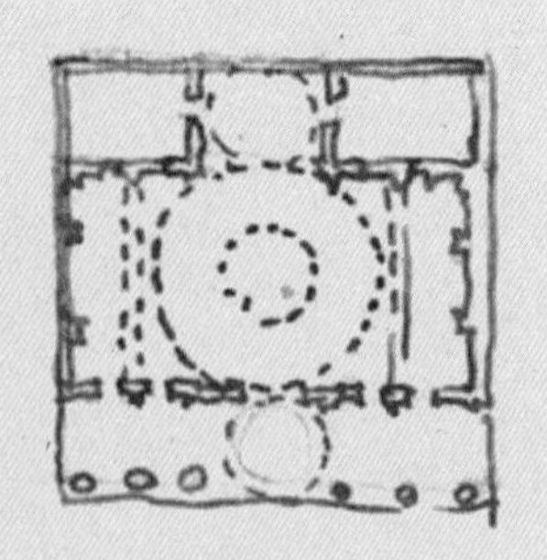

这个建筑的设计使布鲁内莱斯基看起来更像是一名装潢设计师。穹窿

偏向哥特风格，由一系列肋拱作为骨架，之间填充拱壁，下部设有窗户。

内部也由科林斯风格的柱子装饰。门的风格简约，为古典风格的山花饰。

①

p28，佛罗伦萨巴齐礼拜堂透视图

p29，佛罗伦萨巴齐礼拜堂立面图、平面图、剖面图

PAZZI CHAPEL . FLORENCE

BRUNELLESCHI

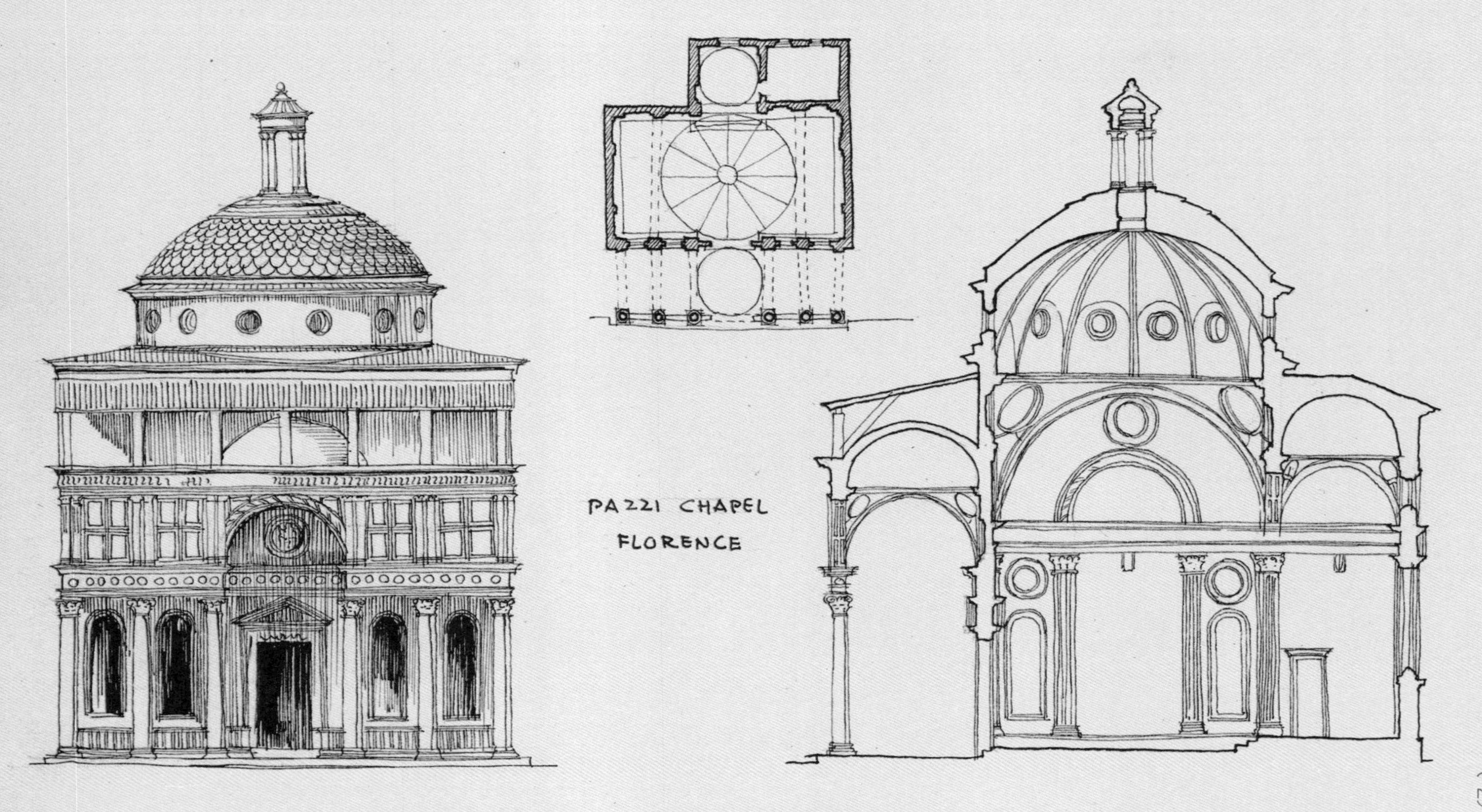
PAZZI CHAPEL
FLORENCE

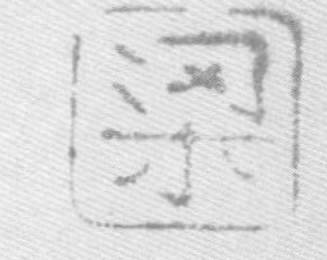

第七课:10月20日,1925年

建筑新方法　　　布鲁内莱斯基开创了建造教堂的新方法。除了承重的部分更加轻巧,平面图没有太大的改变。教堂整体保持原貌。

圣洛伦索教堂　　　(S.Lorenzo),佛罗伦萨

在圣洛伦索教堂的设计方面,布鲁内莱斯基绘制的平面图与圣十字教堂(T形平面图)类似。唱诗班的座席并不突出,耳堂分别位于唱诗班座席的两侧。三条走廊由拱廊隔开,一些小礼拜堂分布在侧廊,中殿与耳堂顶部的天花板是平的。交叉处(方厅)上方的穹窿由帆拱支撑,侧廊的拱顶也由帆拱支撑。教堂里使用科林斯风格的柱子,它是布鲁内莱斯基的最爱。穹窿内部的帆拱由壁柱支撑,从比例关系看,壁柱相对较高,它们的高是13至14倍柱径,这是因为壁柱位于转角处,他的宽度呈现为对角线的长度。在柱子与拱廊之间使用了楣构。正立面从未完工,由米开朗琪罗设计,但是并没有动工。

下页图为佛罗伦萨圣洛伦索教堂平面图、剖面图

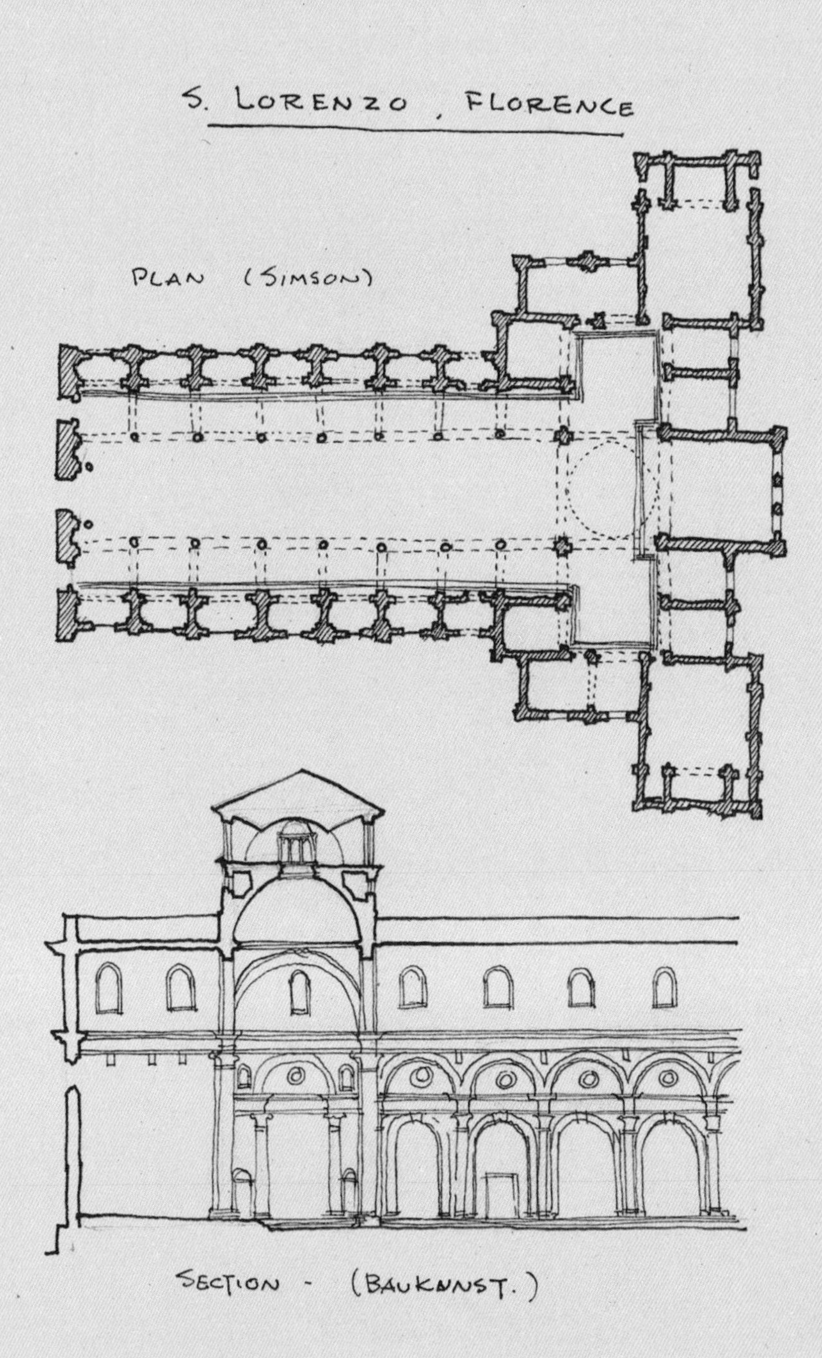
S. LORENZO, FLORENCE
PLAN (SIMSON)
SECTION - (BAUKUNST.)

圣灵教堂　　(S.Spirito),佛罗伦萨

圣灵教堂长315英尺(约96米),平面图呈拉丁十字状,前翼较长,侧廊环绕四周,看起来更加规则。教堂采用佛罗伦萨风格的连柱廊。四周为平顶,交叉处为拱顶。这样的设计并不令人满意,但是它能使内部开阔。这说明布鲁内莱斯基从早期基督教的教堂汲取了灵感。

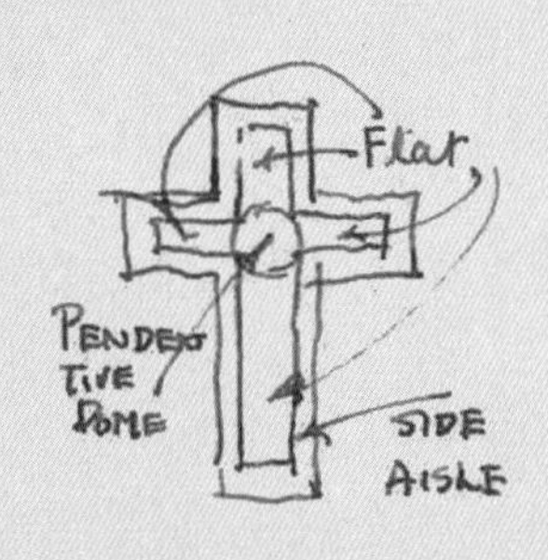

______ 修道院　　建筑平面图呈拉丁十字。没有侧廊。礼拜堂面朝中殿。唱诗班的座席与中殿同宽。内部比例非常均衡。这应该是布鲁内莱斯基的代表作。这个礼拜堂取代了一座罗曼式立面的老建筑。布鲁内莱斯基将自己的设计理念融入这座建筑,但并未完工。

注:此处作者笔记为空白。

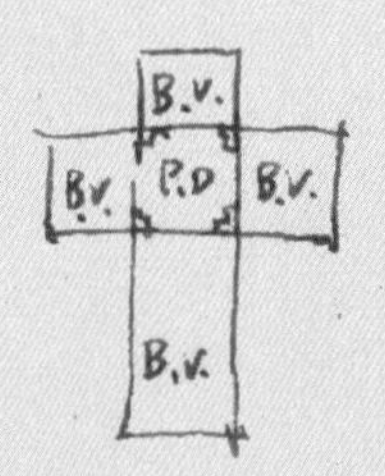

BV = BARREL VAULT.
PD = PENDENTIVE DOME.

①

下页图为佛罗伦萨圣灵教堂平面图、剖面图

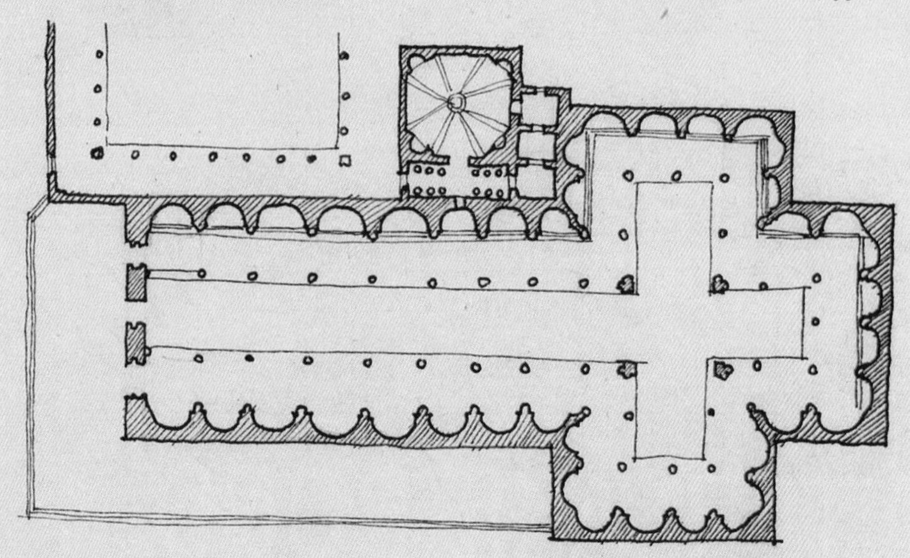

S. SPIRITO, FLORENCE
(LASPEYRES)

圣洛伦索教堂老圣器室，佛罗伦萨

The Sacristy of S.Lorenzo

圣洛伦索教堂的老圣器室与米开朗琪罗设计的新圣器室分别位于教堂的南北两侧，达到了对称平衡。哥特式圆形拱门上使用了明显的在斜面上切割的弧线造型。圣坛上方的拱形圆顶与巴齐礼拜堂相似，中殿穹窿也与其相似，它们都没有筒形拱顶。两者同样使用了明显的切圆线，并采用相似的檐壁装饰物、卷形托饰和半月形拱窗。建筑的每面墙都有一半的壁柱。肋拱在轴线上，这点也与巴齐礼拜堂相像。

翻译：王小洁

圣灵教堂，佛罗伦萨

Basilica di Santo Spirito

（鲍姆，Baum）

于15世纪竣工。

小小的建筑立面富于变化；巨大的夹层楼面的壁柱并未考虑到下层；山形墙也十分笨重。

（照片）

由砖块和赤陶土制成。

门位于建筑中央，圆形窗居于两侧，坐落于底层上。在小型壁柱的正上方使用全覆盖的檐部，在檐部的上方是厚重的夹层楼面，再上方是檐口，檐口完全再现了山形墙。

第八课:10月26日,1925年

育婴院凉廊 (Loggia of Ospedale degli Innocenti),佛罗伦萨

育婴院于1419年始建。立面是长长的凉廊,凉廊与佛罗伦萨拱廊相接。建筑物两端是凉亭,与早期的风格非常不同。

其他建筑 布鲁内莱斯基的设计并非仅局限于基督教教会建筑,他还设计了两处府邸。

1.皮蒂宫 (The Palazzo Pitti),佛罗伦萨

这是为佛罗伦萨的有钱人卢卡·皮蒂(Luca Pitti)设计建造。皮蒂是位有钱的政客,但是他获取财富的手段并非正当,因此树了很多敌人,建造这座府邸就是为了抵御敌人。

府邸立面长400英尺(约121.9米),起初只建造了中心的三个拱门。不久皮蒂不再当权,他的府邸落入美第奇家族手中。如今它是佛罗伦萨的一处皇家宫殿。

p38,佛罗伦萨育婴院平面图　p39,佛罗伦萨育婴院的凉廊立面图、剖面图

布鲁内莱斯基设计这座建筑的灵感来自伊特鲁里亚的纪念碑(Etruscan Monument)。建筑大量采用粗琢石的处理手法,以及像拱廊一样的建造手法,使用大量巨石堆砌门窗。

据说,根据布鲁内莱斯基的设计图,中心区域并未完工,没有沉重的檐口。评论家们认为关于现在沉重的檐口,一定有其他的原因。

随后,平面图有所扩充。如今的平面图的样子大致如下:

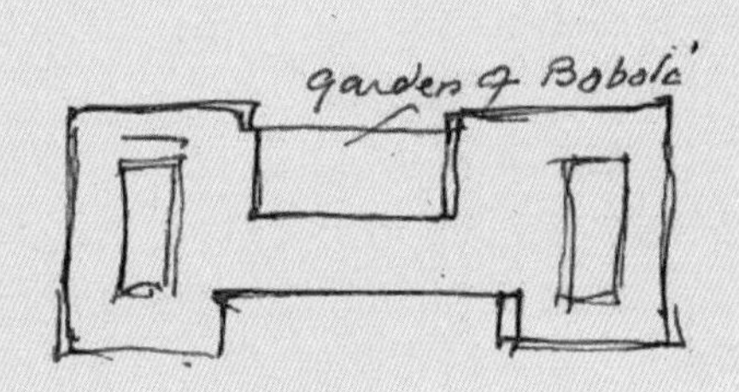

花园的两侧延伸至山上,最终完成这座府邸建造的是建筑师阿曼纳蒂(Bartolommeo Ammannati)。

如今,建筑的下层有各式各样的窗户,但是均为后来添加的。如今的立面有 470 英尺(约 143.3 米)长,底座 24 英尺(约 7.6 米)高,一些粗琢石面接近 2 英尺(约 0.6 米)高。

这座建筑的风格介于中世纪堡垒与现代城镇房屋之间,仍然保留了军事建筑的特点。

布鲁内莱斯基准备为美第奇家族设计一座宫殿。当他拿模型给科西莫·美第奇(Cosimo de'Medici)看时,美第奇认为对于一位共和制的公民来说,这样的建筑过于复杂。布鲁内莱斯基一气之下毁掉了这个模型。

p40,佛罗伦萨皮蒂宫平面图　　p41,佛罗伦萨皮蒂宫剖面图、立面图

(38)

OSPEDALE DEGLI INNOCENTI

FLORENCE

LOGGIA
OSPEDALE DEGL' INNOCENTI , FLORENCE.

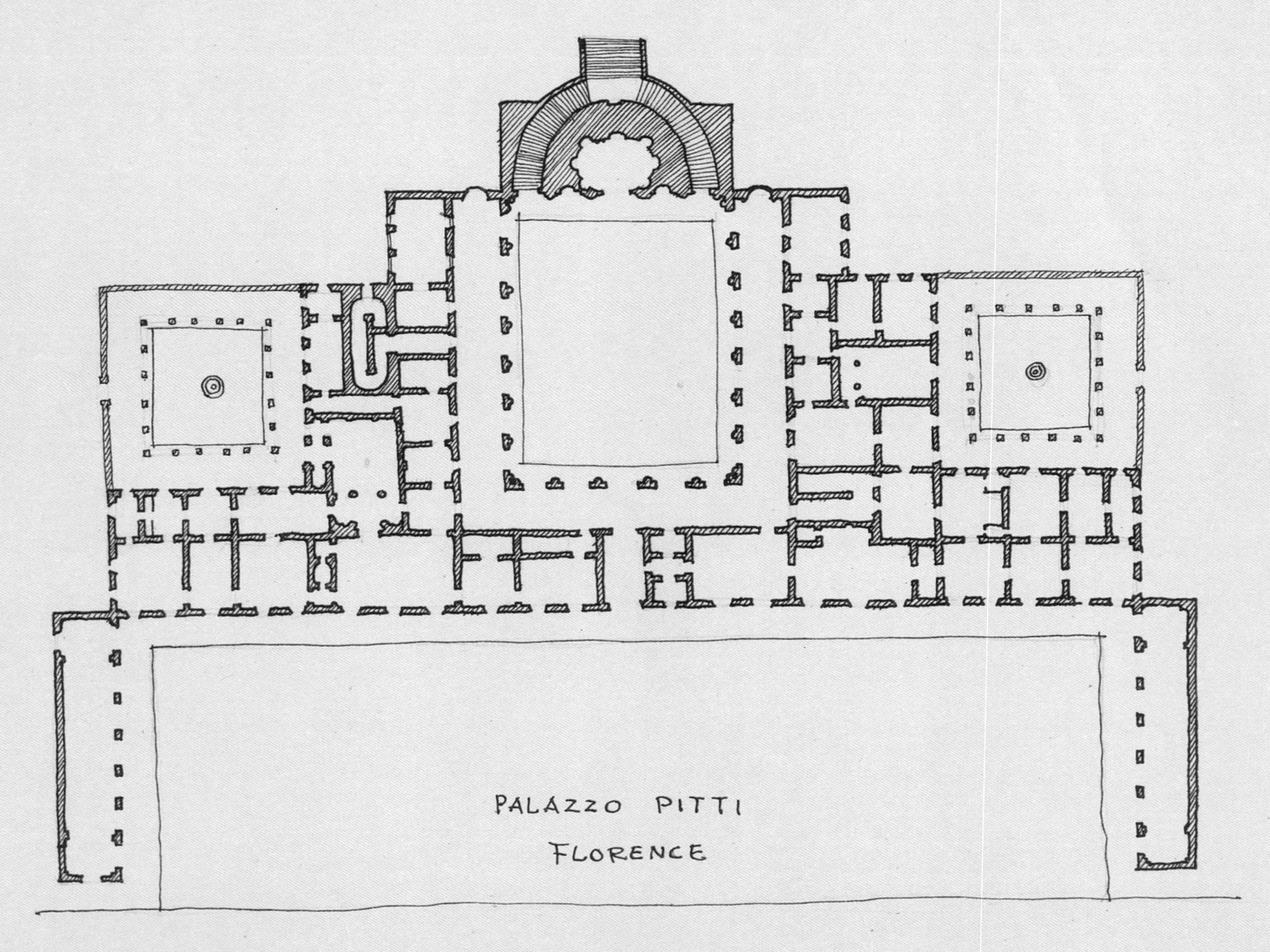
PALAZZO PITTI
FLORENCE

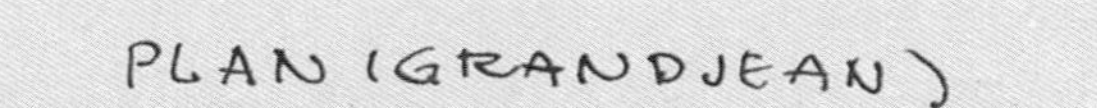
PLAN (GRANDJEAN)

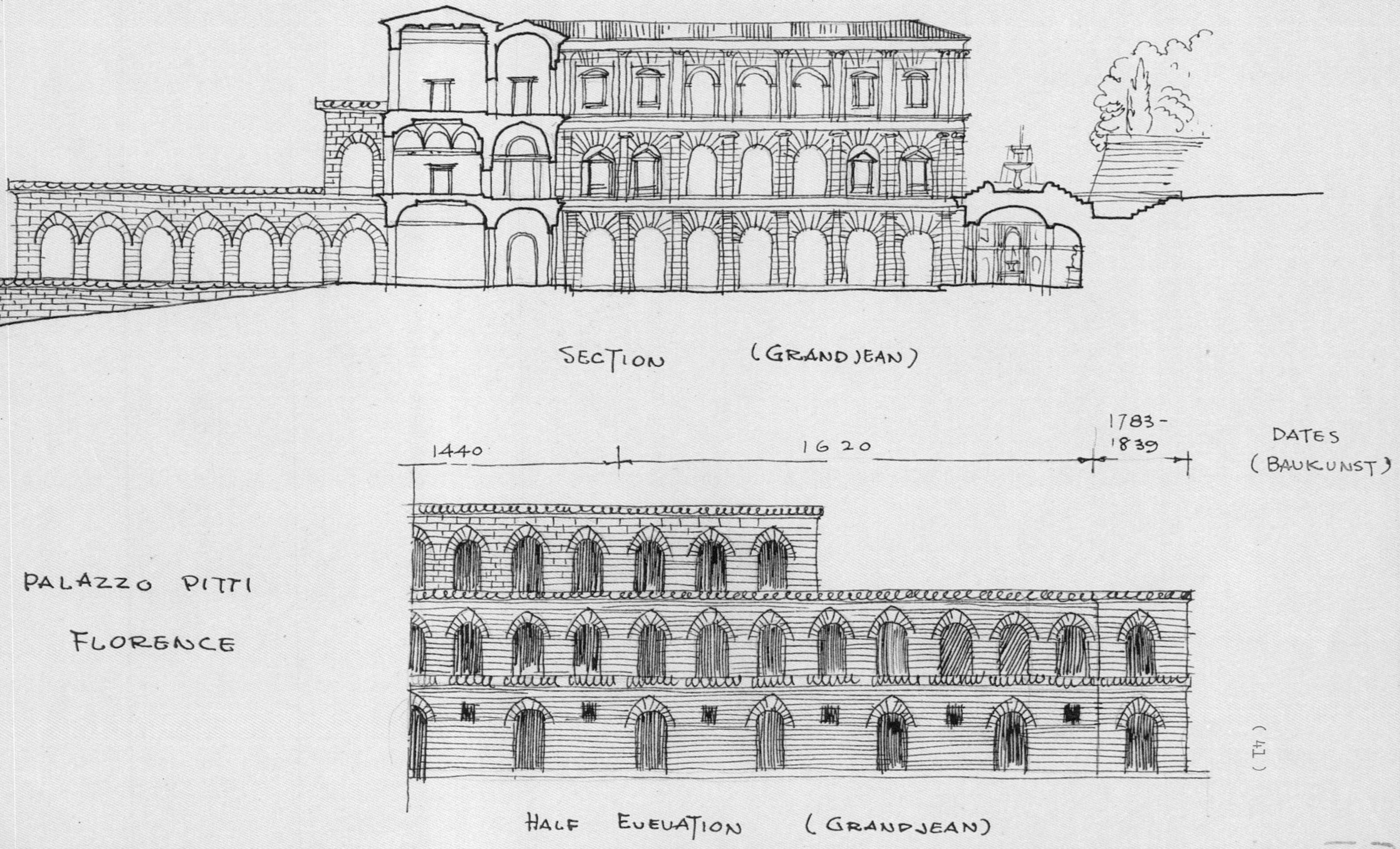
SECTION (GRANDJEAN)
1440
1620
1783-1839
DATES (BAUKUNST)
PALAZZO PITTI
FLORENCE
HALF ELEVATION (GRANDJEAN)

皮蒂宫

摄影师: Alphonse Bernoud, 摄影时间: 1850-1880, 荷兰国立博物馆

注：据《弗莱彻建筑史》记载，巴齐-夸拉泰西府邸为朱利亚诺·达·马亚诺的作品。

2.巴齐-夸拉泰西府邸

(Palazzo Pazzi-Quaratesi)，佛罗伦萨

布鲁内莱斯基还为巴齐家族设计建造宫殿。该府邸第一层的材质为石头，再往上是灰泥，凸显出3英尺或4英尺（约1米）的悬垂屋顶。

作为建筑史上一位重要人物

在建筑史上，布鲁内莱斯基是一位值得被关注的人物，被视为非常有个人影响力的建筑师。幸运的是，恰逢人文主义与古典主义运动，这一时期，某些名士可以尽情表达自己的观点。

芒茨评论他是集工程师的精确、艺术家的精致以及见多识广者于一身的建筑师。

在圣洛伦索教堂等建筑的设计建造中，他采用了全新的风格。

巴齐礼拜堂的建造设计则体现了罗马式建筑的精细。

他解决问题的方式直接、坦率。大部分作品都单纯依靠比例和一般概念。尽管事实上，一些人认为他采用了罗马式建筑的风格是表面的、肤浅的，但是确实展现了他的设计风格。

下页图为佛罗伦萨巴齐-夸拉泰西府邸剖面图、平面图

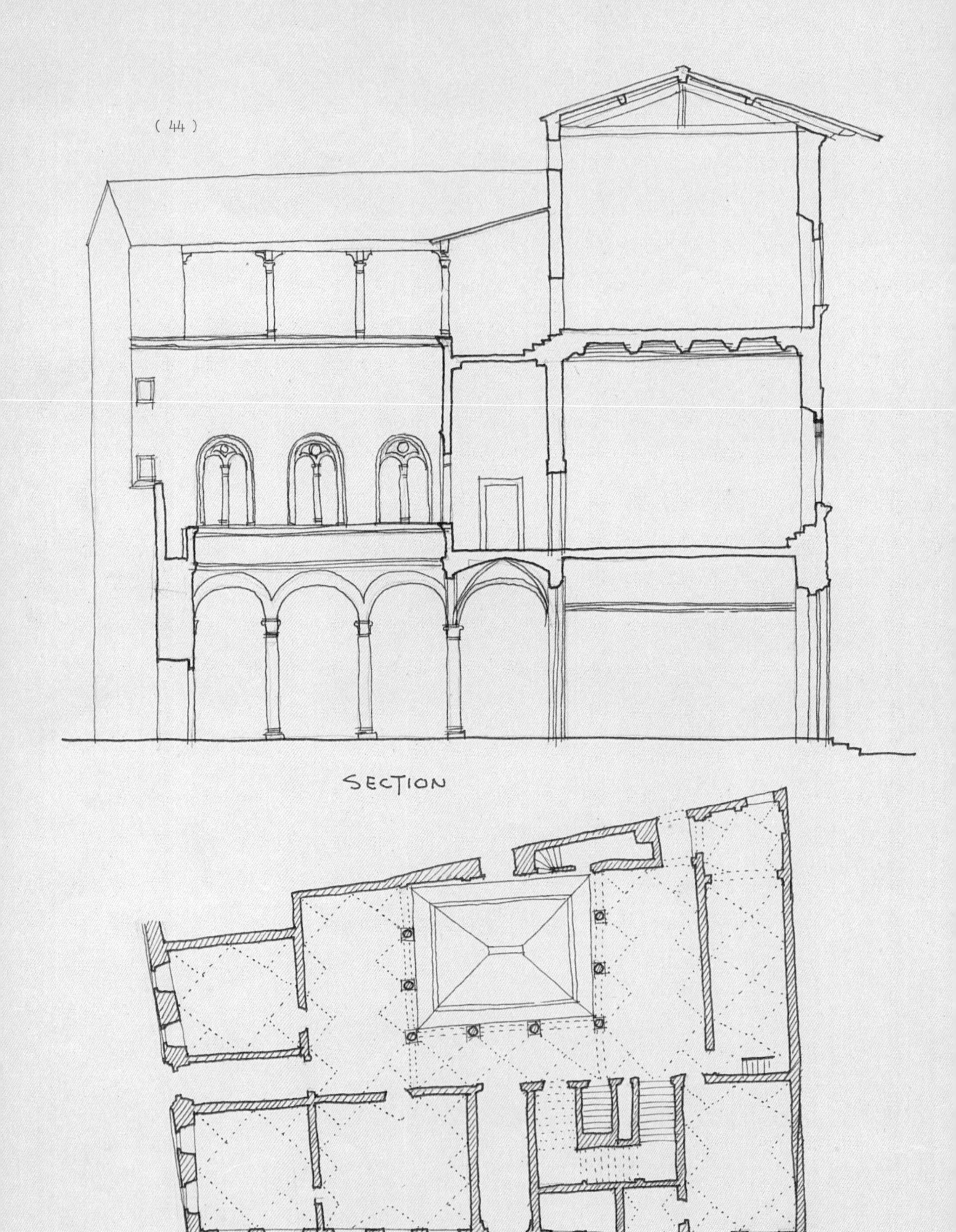

PALAZZO QUARATESI

FLORENCE (TOSCANA)

米开罗佐·迪·巴尔托洛梅奥 (Michelozzo di Bartolommeo), 1396?—1472

米开罗佐是布鲁内莱斯基众学生中的一员，佛罗伦萨本地人。最初学习雕塑，跟随吉贝尔蒂做学徒。他是科西莫·美第奇的朋友，随美第奇一起流放威尼斯。

他的代表作是为美第奇设计建造的一座宫殿，即美第奇宫，又称里卡尔迪府邸(Palazzo Riccardi,1430)。在布鲁内莱斯基将自己设计的模型毁掉之后，米开罗佐的设计方案最终被采纳。

最初的建筑只是如今的一半，三条门道和十扇窗户，其余的都是后来添加的。四周为连柱拱廊，环绕着中心的一座庭院，外墙建造在突出的底座之上，每层通道都成拱形结构。最初，所有的通道都是拱门，底层敞廊大门改建的挑台窗是由米开朗琪罗设计的样式。每层楼之间由被作为窗户窗台的凸砖层隔开。第一层的风格很像皮蒂宫，大量使用粗琢石面。第二层平滑一些，第三层则是更加平滑的石板。整个建筑顶端覆盖着 8 英尺（约 2.4 米）的凸出檐口，檐口整体风格像科林斯柱式。

p47，佛罗伦萨美第奇宫透视图

p48，佛罗伦萨美第奇宫局部立面图

p49，佛罗伦萨美第奇宫剖面图、平面图

美第奇宫，摄影师：Giacomo Brogi，摄影时间：1860—1881，汉堡工艺美术馆

PALAZZO RICCARDI, FLORENCE.

From

Fletcher - History of Architecture.

PALAZZO RICCARDI

(GROMORT)

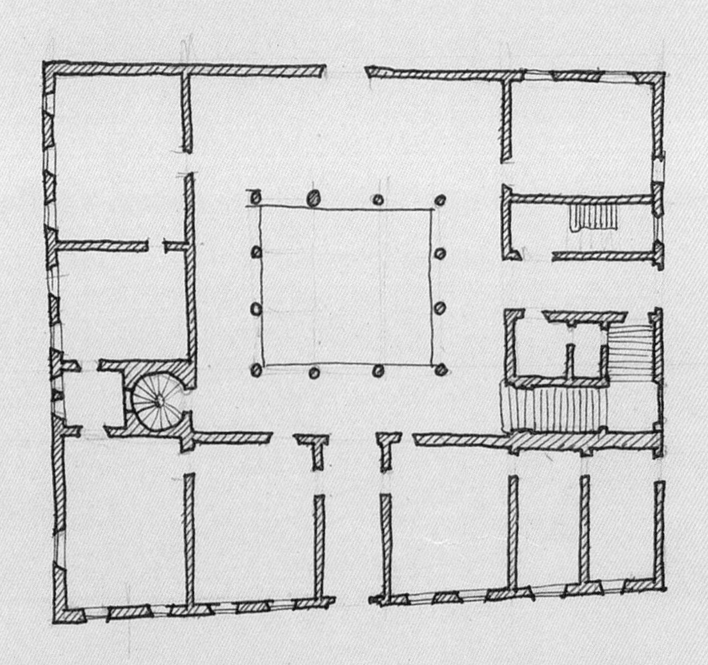

PALAZZO RICARDI. FLORENCE

(TOSCANA)

第九课:10 月27 日, 1925 年

米开罗佐的其他作品

圣马可(女)修道院 (Convento di San Marco),佛罗伦萨

圣马可(女)修道院位于佛罗伦萨。回廊非常美观,但整体并不是一座杰出的建筑。壁画很有意思。

Palazzo Vacquo 建筑由宫殿改造而来,更侧重于工程建造而非建筑设计。

注:原文如此,未查到对应的建筑。

圣欧斯托焦大教堂的波尔蒂纳里礼拜堂 (Portinari Chapel, Basilica of Sant' Eustorgio),米兰

在米兰,波尔蒂纳里家族是美第奇银行的代表。其中一位女士虔诚地信奉圣彼得马特(S. Peter Martyr),她决定建造这座礼拜堂是为了在圣欧斯托焦大教堂安放哥特式的坟墓。这座建筑具有很多伦巴第学派的特色,比如:扶壁,建筑的尽头是具有文艺复兴特点

的哥特式壁龛；内部结构与巴齐礼拜堂中心部分很相似；带有帆拱穹顶的开放式礼拜堂，顶端附以装饰带，等等。

莱昂·巴蒂斯塔·阿尔贝蒂 (Leon Battista Alberti),1404—1472

他的家族随美第奇家族流放期间，阿尔贝蒂便诞生在威尼斯，他是一个私生子，但是与家中其他孩子没有什么区别，一同成长，接受同样的教育，是一个非常正直的人。他就读于博洛尼亚大学，对科技、哲学等感兴趣，是一位拉丁文学者，用拉丁文出版专著，创作诗歌。他的第一本书是关于社会学的。此外，他的体格也非常强健。

1428年，阿尔贝蒂回到佛罗伦萨，美第奇成为他的赞助人。他与布鲁内莱斯基和多那太罗属同一时代。

阿尔贝蒂在学术方面非常钻研，并把毕生精力投入到建筑学新运动当中。他改行做建筑师，在建筑设计方面展现出过人的才华。比起建造，他对设计更加感兴趣，这是他偶有失手的原因。

里米尼的圣方济各教堂 (Church of S. Francesco)，里米尼

我们第一次听说阿尔贝蒂，是在位于意大利东海岸的里米尼(Rimini)。他应西吉斯蒙多·马拉泰斯塔(Sigismondo Malatesta)之邀，商讨圣方济各教堂的改造与扩建。马拉泰斯塔是一

位佣兵队长，非常无耻，曾犯下不可饶恕的罪状。但是他致力于传统经典的传承，对美好的事物很有鉴赏力。在他身边不乏诗人、艺术家。他从希腊购买了一具希腊哲学家的尸体，葬于这座教堂，改为异教徒的教堂，献给他的情妇伊索塔(Isota)。后来马拉泰斯塔与伊索塔结了婚。

对于教堂的内部，阿尔贝蒂不得不在某种程度上遵循该建筑之前的结构。而对于教堂外部，阿尔贝蒂为教堂重新设计了外壳，甚至不考虑是否与内部结构协调。外壳距离墙大约1米左右。

建筑的立面是从在里米尼的一位罗马建筑师那里汲取的灵感。前端三拱，由壁柱将其框住。这是第一个使用壁柱的例子。中心的开间是不完整的较小的柱式。教堂两侧是支撑柱子的深陷拱形壁龛。凹处放置了一座雕塑精美的石棺。据推断建筑带有穹顶，但是在平面图上没有找到线索。内部有浮雕，出自阿戈斯蒂诺·迪·杜乔(Agostino di Duccio)之手，整体风格单一却很精美。建筑内部并不那么令人满意，芒茨认为它非常糟糕，以至于阿尔贝蒂无从下手。他曾设计过一种方案，或许被别人改过。

卢彻莱府邸 (Palazzo Rucellai)，佛罗伦萨

卢彻莱府邸位于佛罗伦萨，始建于1451年。由罗塞利诺(Rosellino)负责建造。阿尔贝蒂设计了建筑的立面，这是第一幢采用古典柱式的住宅建筑。略微凸出的壁柱，甚至不足直径的1/4。

注: 疑作者笔误，应为爱奥尼柱式。

一二层分别为塔司干柱式和多立克柱式，顶层为科林斯柱式。建筑难度在于其叠加的柱式的比例。阿尔贝蒂设计的檐部顶端略显沉重，檐壁上有托架，使檐口、檐壁和整个建筑显得格外牢固。

新圣母教堂 (Santa Maria Novella)，佛罗伦萨

1456年，由佛罗伦萨乔瓦尼·卢彻莱(Giovanni Rucellai)赞助所建，灵感源自罗曼式建筑，阿尔贝蒂在建筑的立面使用了彩色大理石。他第一次使用了大的涡卷纹饰来装饰中殿尽头的高墙与侧廊尽头的低墙之间的方角。

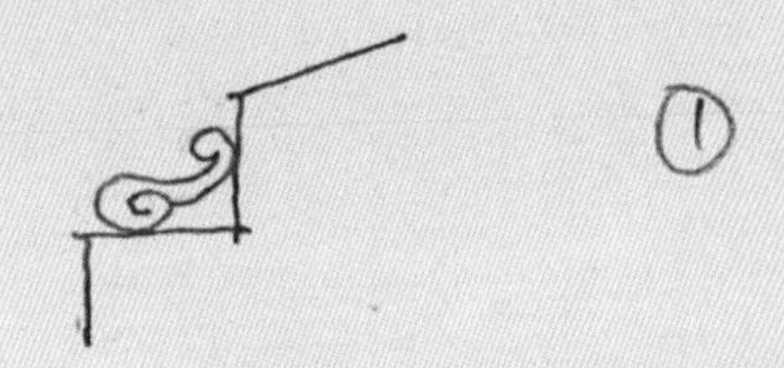

下页图为佛罗伦萨新圣母教堂立面图

SA. MARIA NOVELLA.

FLORENCE.

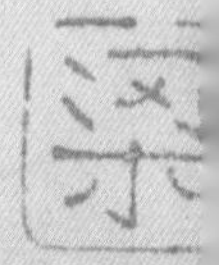

课后笔记

米开罗佐的主要作品列表

美第奇宫(Palazzo Riccardi),佛罗伦萨

旧宫(The Palazzo Vecchio),佛罗伦萨

圣马可(女)修道院(Convento di San Marco),佛罗伦萨

圣体小堂(Chapel of the Crucifix)位于圣米尼亚托教堂(San Miniato),佛罗伦萨

科西宫(Palazzo Corsi),佛罗伦萨

卡勒吉别墅(Villa Careggi),佛罗伦萨

殉道者圣彼得礼拜堂(Chapel of S.Peter Martyr),米兰

美第奇银行大门(Door of Medici Bank),米兰

下页图为佛罗伦萨圣体小堂(圣米尼亚托教堂)立面图、平面图

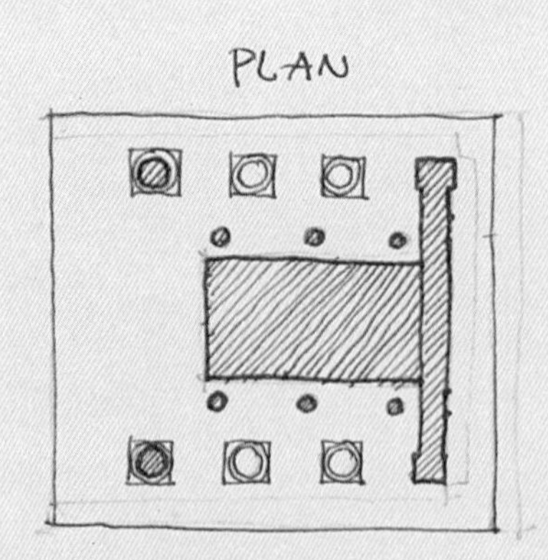

CHAPEL OF CRUCIFIX (S. MINIATO) FLORENCE

(TOSCANA)

阿尔贝蒂的主要作品列表

圣方济各教堂(S. Francesco),里米尼

圣安德烈教堂(S. Andrea),曼托瓦

圣塞巴斯蒂亚诺教堂(S.Sebastiano),曼托瓦

新圣母教堂(Santa Maria Novella),佛罗伦萨

卢彻莱府邸(Palazzo Rucellai),佛罗伦萨

圣母领报大殿(S.S. Annunziata)(方案),佛罗伦萨

圣庞加爵堂的卢彻莱墓(Holy Sepulchre in San Pancrazio),佛罗伦萨

圣方济各教堂,里米尼

Church of S. Francesco

教堂—1446
立面—1454 } 开始建造 -(建筑艺术)

(瓦萨里)

大理石立面南侧有大型拱门。在该教堂内有六个小礼拜堂,其中献给圣·乔瓦尼的一间装饰得最为华丽。这里也是西吉斯蒙多·马拉泰斯塔和他情妇的坟墓。教堂于1450年开始修建。

（芒茨）

西吉斯蒙多·马拉泰斯塔(1417—1468)，是真正的赞助人。他虽然是一位"暴君"，但是他热衷于传统文化。这是里米尼的一座家庙，并非传统意义上的教堂，是马拉泰斯塔献给情妇的礼物。这里存放着哲学家和诗人的遗体，其中还有他从希腊带回来的哲学家杰米斯图斯·普莱桑(Gemistos Plethon)的遗体。建筑内部的装饰主题有科学、艺术、行星等。这里有着奇异的异国情调，大象成为马拉泰斯塔的象征，另外还有取自情妇伊索塔和西吉斯蒙多交叉首字母的装饰品。参与雕塑装饰的还有马泰奥·德·帕斯蒂(Matteo de' Pasti)和阿戈斯蒂诺·迪·杜乔(Agostino di Duccio)。

（芒茨）

资料显示1446年阿尔贝蒂就在里米尼，为西吉斯蒙多·马拉泰斯塔重建圣方济各教堂。到1450年，这项工程正式开工。

阿尔贝蒂在已有的老建筑上建造了大理石外壳，奇迹般地将哥特式建筑变成了一种新风格。建筑立面已经被实现，侧立面由一系列与主立面的侧拱大小相同的拱门组成，它们不像前面那样是封闭的，构筑了教堂的哥特式开间并形成凹室。在这些拱门中放置了石棺，安放马拉泰斯塔带回来的哲学家、诗人、历史学家的遗体。在内部，他试图保留哥特式的开间，但他虽然有好品位却并没有能力做内部装饰布置。马拉泰斯塔想用阿戈斯蒂诺·迪·杜乔的浮雕作品而不是采用阿尔贝蒂的方案。在马泰奥·德·帕斯蒂的帮助下，阿尔贝蒂的原有计划被取代了。

在马拉泰斯塔家庙的原设计中，立面后方的穹顶样貌目前可以在1450年马泰奥·德·帕斯蒂锻造的纪念章以及阿尔贝蒂的信件中体现。

阿尔贝蒂留下未完成的工作去了罗马，维罗纳的马泰奥·德·帕斯蒂和马泰奥·努蒂(Matteo Nuti de Fano)没有能力完成这项工作，而且当时的政治条件也使其不可能完成。

在纪念章上可以看到二分之一的半圆形山墙，主立面的建筑灵感来自于凯旋门。带有山花标志的中间拱门是正入口。两边的侧拱是封闭的。

（辛普森）

文艺复兴时期优秀的艺术家很少有打破传统柱式的。

（辛普森）

阿尔贝蒂在拱门间使用了半柱，解决了一般神圣中殿入口处展现的常见却不太美观的线条问题。他解决这个问题的方法是将柱墩垫高了半个过道的高度，宽度则与中殿入口处相同。他的设计并未全部完成，但有材料证明他试图想要在檐部上方饰以半圆形山墙，下方两侧为二分之一大小的拱顶为结束。这个方案并未被采纳和引起更多的注意。但是圣方济各教堂的侧面设计比其他任何建筑都更为优越。

建筑使用镶嵌装饰明显是受托斯卡纳 - 罗曼式风格的影响。

建筑的柱式方面是科林斯柱式和爱奥尼柱式的结合。室内也有很多细节，阿尔贝蒂对于色彩的使用十分丰富，阿戈斯蒂诺·迪·杜乔的雕塑作品给人以节奏感和线条感的奇妙感受。

正立面的拱墩线脚上坐落拱门，就像古罗马的凯旋门一样。

（耶尔特，Yiarte）

马拉泰斯塔家庙是马拉泰斯塔在当领主的时候为了赎罪而建造。

描述：西吉斯蒙多·马拉泰斯塔是马拉泰斯塔三世潘多尔菲尼的儿子，他凭借机智的头脑在数次威胁到他生命的战争中安然无恙地渡过难关，他发誓要在这些冲突再次到来之前，在里米尼打造一座不朽的圣殿。他打造了一座具有重要意义的建筑，给人留下了非常神圣和显赫的记忆。

第一次构想产生于1445年，紧接着就开始了工作。西吉斯蒙多在1435年通过尼古拉五世（Nicholas V）认识了阿尔贝蒂，当时他正接受罗马教皇军的指挥。西吉斯蒙多决定不拆除教堂而是在其之上重新建造，因为他打算在此处安置墓碑。

翻译：王小洁

下页图为仿莫基纪念章和里米尼的圣方济各教堂外立面

FACADE

AFTEER THE MEDAL BY de'PASTI

(~~VENTURI~~) (MUNTZ)

FACADE

S. FRANCESCO AT RIMINI

(DENKMÄLER DER KUNST)

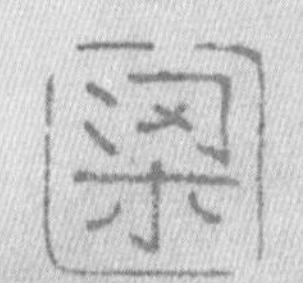

第十课:11 月1 日, 1925 年

圣安德烈教堂 (S. Andrea),曼托瓦

建于 1512 年,教堂的大部分在阿尔贝蒂去世后才建成。没有侧廊,小礼拜堂的门面向中殿开放。中殿上方是筒形拱顶,十字交叉处是帆拱穹顶。建筑平面是拉丁十字形,礼拜堂大小交替。开放的较小的礼拜堂颇具设计感,使其看起来更像壁墩而非礼拜堂,因此拱与壁墩的影响得以实现。这些礼拜堂的主轴垂直于中殿,但是是在拱脚线以下,并没有穿透。据说灵感来自布拉曼特(Bramante) 设计的圣彼得大教堂。立面呈凯旋门形状,中间是高拱,两侧为壁墩,以窗户作为装饰,所有这些居于山墙之上,颇具特色。

贝尔纳多·罗塞利诺 (Bemardo Rossellino), 1409—1464

罗塞利诺师从阿尔贝蒂,两人的关系很像布鲁内莱斯基和米开罗佐。在某种程度上,罗塞利诺更像是阿尔贝蒂的助手。罗塞利诺和阿尔贝蒂共同参与圣彼得大教堂的某项工作,始于尼古拉五世,起初是为教堂的后堂铺设地基。这是在尝试着对早期基督教教堂的改建。

p63,曼托瓦的圣安德烈教堂纵断面的局部图、平面图、正面立面图

p64,曼托瓦的圣安德烈教堂的门廊正立面图,此门廊的设计受到了罗马凯旋门的启发

PART OF
LONGITUDINAL SECTION
(SIMSON)

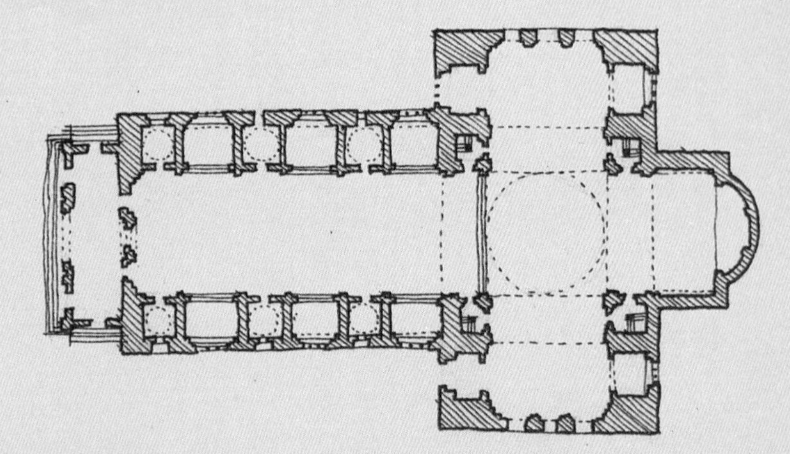

PLAN - (SIMSON)

FAÇADE (MUNTZ)

S. ANDREA, MANTUA

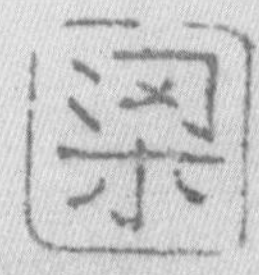

(1)

FACADE OF PORCH

ST. ANDREA AT MANTUA.

INSPIRED BY ROMAN TRIUMPHAL ARCH

ALBERTI - ARCHITECT.

- FLETCHER: A HISTORY OF ARCHITECTURE.

Drawing in [illegible] format please.

皮科罗米尼府邸 (Palazzo Piccolomini)，比恩察

注：作者原文是 at Siena，疑有误。

皮科罗米尼府邸位于比恩察，于 1460 年竣工。建筑是为教皇庇护二世建造，庇护二世在人文主义运动中是一位非常有影响力的人物。这座建筑的设计受美第奇宫的影响很大。尽管如此，它与美第奇宫还是存在很大的差异。檐壁延伸至檐口下，突出冠顶，又不显得过于沉重。

比恩察 (at Pienza)

比恩察的许多建筑都由教皇庇护二世雇人建造。教皇对古老的建筑感兴趣，他喜欢以他的名字命名一座城镇，在当上教皇之后他将科尔西尼亚诺更名为比恩察。皮科罗米尼府邸理论上是复制卢彻莱府邸的设计。

比恩察的建筑

Buildings at Pienza

大约在1460年，教皇庇护二世在比恩察雇人设计建造了大教堂和一些公共建筑设施。所有的建筑都在大教堂广场(Piazza del Duomo)内，形成了非常独特的建筑群。（辛普森）

比恩察这个名字的出现是在教皇庇护二世之后，贯穿整个15世纪。皮科罗米尼府邸的设计从卢彻莱府邸那里汲取灵感，但是并非特别令人满意。

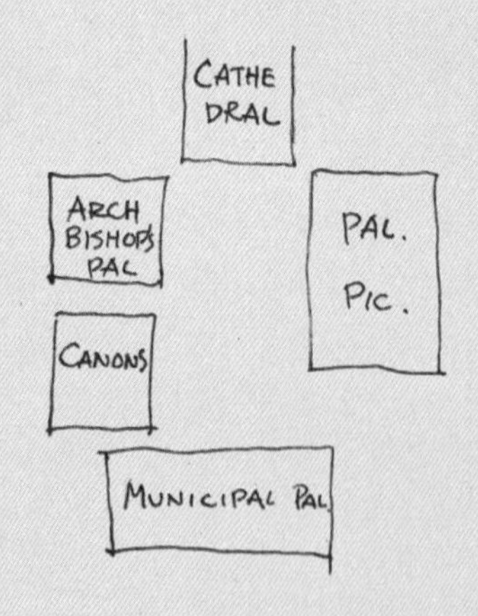

p67，比恩察法庭宫立面图

p68，比恩察皮科罗米尼府邸立面图

PALAZZO DEL PRETORIO
PIENZA
(TOSCANA)

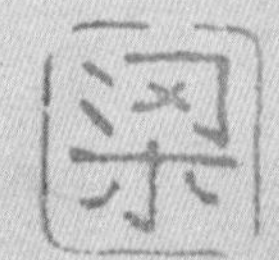

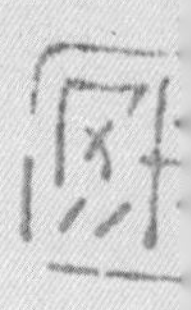

PALAZZO PICOLOMINI

PIENZA

第十一课:11 月2 日, 1925 年

朱利亚诺·达·桑迦洛(Giuliano da Sangallo), 1443—1516

卡尔切利圣母教堂

(Santa Maria delle Carceri),普拉托

佛罗伦萨学派的初期,出现了一种类型的教堂,平面图为希腊式十字形,四臂呈轴对称。较早的代表作即是卡尔切利圣母教堂。教堂交叉的四臂覆盖筒形拱,交叉处中央的鼓状穹窿微微凸起,这不是虚设,侧面是巴齐礼拜堂。

希腊十字形平面源自阿尔贝蒂的圣塞巴斯蒂亚诺教堂(S.Sebastiano),外部两层,两个壁柱居于角落处。

下页图为曼托瓦的圣塞巴斯蒂亚诺教堂平面图

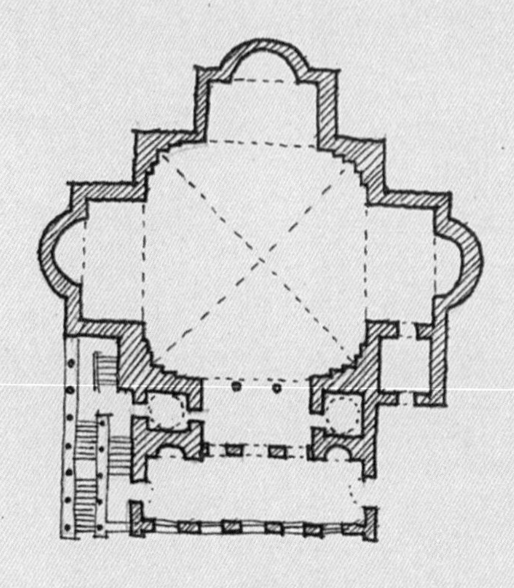

PLAN

SAN SEBASTIANO, MANTUA.

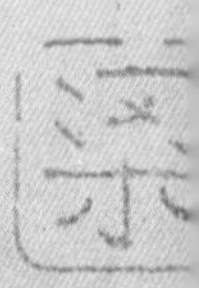

贝内德托·达·马亚诺 (Benedetto da Maiano)和

克罗纳卡(Cronaca)

斯特罗奇府邸 (Palazzo Strozzi),佛罗伦萨

注: 斯特罗奇府邸的建筑师是贝内德托·达·马亚诺,该建筑在石匠建筑师克罗纳卡的监督指导下完成。

斯特罗奇府邸位于佛罗伦萨,始建于1489年,1538年竣工,设计采纳了最初的方案。总体参考美第奇宫,但是檐口没有那么沉重。每一个立面有一扇门,一层有小窗。从上到下均铺设粗面石。庭院四周为佛罗伦萨风格的连拱廊,顶层有敞廊。

阿戈斯蒂诺·迪·杜乔(Aguestino di Duccio)

圣伯尔纳教堂小礼拜堂 (Oratorio of S.Bernardino),佩鲁贾

圣伯尔纳教堂位于佩鲁贾,立面非常注重雕塑,建筑仅仅是一座框架。

该建筑仅用作行业协会,该组织多少具有宗教性质。这座礼拜堂是供这些组织开会的地方。

有一则关于下图标识的小故事。圣伯尔纳劝诫人们不要赌博。一位先生说他的生意破产了,所以他画了这个纹章,然后派人去印刷。这个纹章经常在托斯卡纳地区的房屋里出现。

建筑的立面如今非常引人注目，蓝色釉面破裂，露出橙色里透着桃红色的赤陶土，比它刚建成时更好看。

这一时期的小型作品

它们是一些介于建筑与雕塑之间的作品，例如：布道坛、圣餐台、灯室等，在这一时期尤为杰出。它们采用希腊和罗马的装饰，非常精致典雅，风格偏重希腊式的优雅。当提到文艺复兴的时候，许多人会想到它们。

①

课后笔记

小型作品列表

- 圣伯尔纳教堂小礼拜堂(Oratory of S.Bernardino),佩鲁贾

——阿戈斯蒂诺·迪·杜乔(Agostino di Duccio)

- 圣彼得门(Porta urbica di S.Pietro),佩鲁贾
- 行政官官邸(Palazzo del Podesta),佩鲁贾
- 莱奇兄弟会宫(Palazzo della Fraternita dei Laici),阿雷佐
- 圣母恩泽教堂凉廊(Loggia of S.M. Delle Grazie),米兰
- 圣十字教堂马苏皮尼墓(Marsuppini's tomb S. Croce),佛罗伦萨
- 圣十字教堂布道台(Pulpit of S.Croce),佛罗伦萨
- 旧宫大门(Doorway in Palazzo Vecchio),佛罗伦萨

——贝内德托·达·马亚诺(Benedetto da Maiano)

- 圣彼得门,佩鲁贾(Porta urbica di S.Pietro,Perugia),1473年由阿戈斯蒂诺·迪·杜乔(Agostino di Duccio)和波利多罗·迪·史提芬(Polidoro di Stefano)所建造。柱顶并未完成,没有檐口。

-行政官官邸(Palazzo del Podesta),佩鲁贾,1472?

-圣十字教堂布道台(Pulpit of S.Croce),佛罗伦萨,由贝内德托·达·马亚诺(Benedetto da Maiano)于1474年为彼得罗·梅利(Pietro Mellini)设计建造。

-旧宫大门(Doorway in Palazzo Vecchio),佛罗伦萨,由贝内德托·达·马亚诺(Benedetto da Maiano)于1476到1480年创作。

p75,佛罗伦萨圣十字教堂马苏皮尼墓立面图

p76,佛罗伦萨旧宫大门

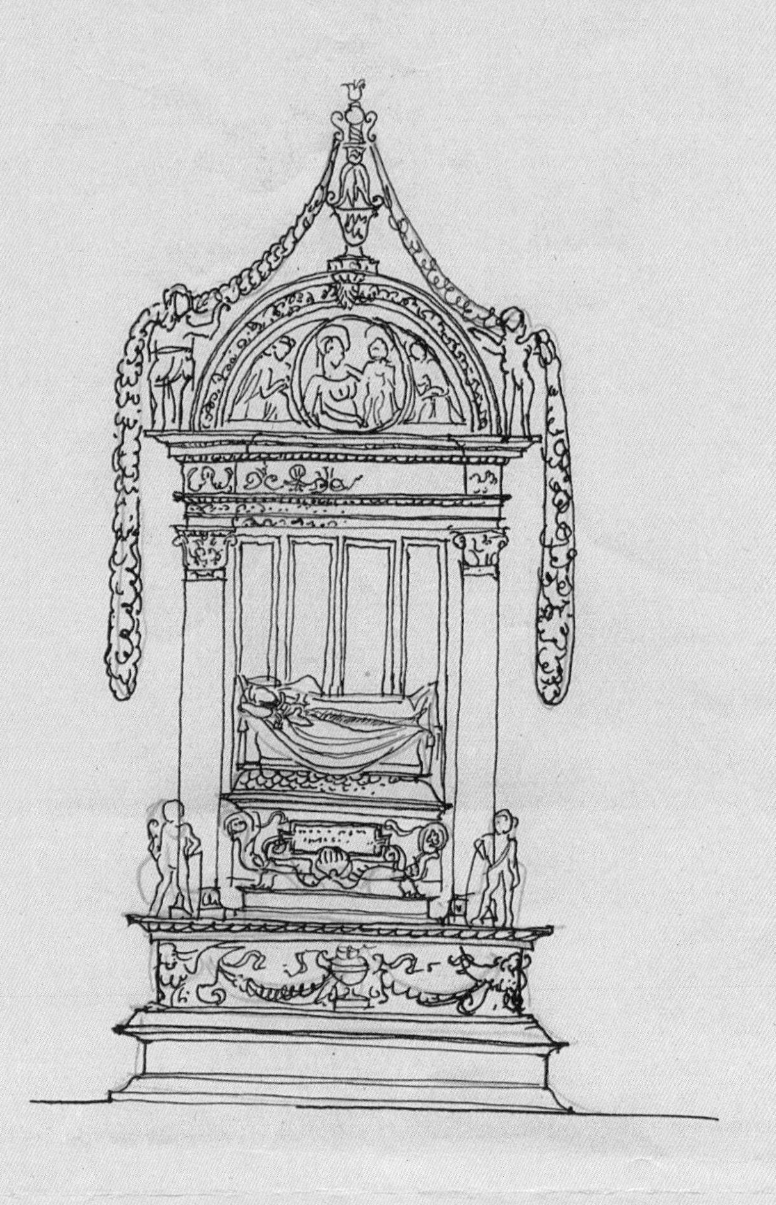

THE MARSUPINI TOMB

IN S. CROCE , FLORENCE

DOORWAY IN PALAZZO VECCHIO
FLORENCE

— (BAUKUNST) —

第十二课:11 月9 日, 1925 年

佛罗伦萨学派的影响

佛罗伦萨作为文艺复兴运动的中心,还影响到其他的地方。罗马自从教皇职位空缺之后,几乎无法恢复。这一时期,在罗马有所作为的便是来到这里的佛罗伦萨建筑师。文艺复兴的首位教皇是尼古拉五世。他召集阿尔贝蒂和罗塞利诺到罗马,共同商议圣彼得大教堂的改造,尽管改造方案最终没有实现。

巴乔·蓬泰利 (Baccio Pontelli), 1450—1492/1494

威尼斯宫

(the Palazzo Venezia),罗马

威尼斯宫外部为哥特式风格,宫殿顶部为扶壁,向外突出,由梁托支撑。从门可以看出设计风格受到金匠的影响。宫殿的建筑师究竟是谁,无从考,但是人们把它的建造设计归功于蓬泰利。庭院四周为罗马式拱廊,威尼斯宫是首个采用这种拱廊的文艺复兴建筑。柱式由底座支撑着。庭院没有完工。威尼斯宫的侧面是一个小型宫殿,但是因为建造维克多伊曼纽二世纪念碑(Victor Emmanuel Monument)而被迁移。

注:《弗莱彻建筑史》中记载,威尼斯宫的建筑师是弗朗切斯科·德尔·博尔戈。

总结

总体的概念

建筑师在设计方面一般不可能完全天马行空，一些纪念碑的设计是哥特式建筑结构的延续。概念非常简朴，处理手法单调，装饰受到很大的限制。科林斯柱式深受喜爱，布鲁内莱斯基经常采用这种柱式。教堂立面从凯旋门汲取了很多灵感。

建筑特征

佛罗伦萨拱廊非常流行，罗马拱廊也有采用。比如，里米尼圣方济各教堂和威尼斯宫的建造设计，但是并不常用。

粗面砌石是经常被当时的建筑采用的另一个特征，它的影响在逐渐消逝。粗面砌石的拱门。

沉重的檐口。

门道：有不同的建造方式，半圆拱最常见。卢彻莱府邸的方顶门。巴齐礼拜堂的山花。在佛罗伦萨，山花也很常用。

窗户：最常见的是对窗，是哥特式风格的遗存，接近（用石板雕空的）板制窗花格。比如斯特罗齐府邸下层的方顶窗户。

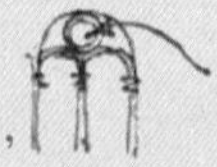

拱顶：筒形拱最常见。交叉拱常被用于庭院。帆拱也经常被采用。

下页图为佛罗伦萨斯特罗奇府邸的窗户正面图，这是文艺复兴早期最流行的窗户样式

WINDOW IN FACADE

PALAZO STROZZI

THE MOST POPULAR WINDOW TREATMENT
IN EARLY RENAISSANCE

- FLETCHES - HISTORY OF ARCHITECTURE.

伦巴第学派

哥特传统　　意大利北方要比托斯卡纳沿袭了更多哥特传统，这种传统并不会轻易消亡。伦巴第学派倾向于保留哥特风格生动的一面和精致的细节。

赤陶土　　另一个特征是继续使用赤陶土。伦巴第是一个大平原，石头很少，但是却盛产赤陶土所需的材料。赤陶土比其他的材质更容易复制教堂的装饰。

米兰　　学派的中心在米兰，它是伦巴第的重要城镇和首府。由米开罗佐设计建造的波尔蒂纳里礼拜堂在米兰有一定的影响力。一些伦巴第评论家对这座礼拜堂的风格也有一些争议。

安东尼奥·菲拉雷特 (Antonio Filarete), 1400-1469

他于1450年来到米兰,服务于斯福尔扎家族(Sforza Family),供职于大教堂。

米兰总医院 (Ospedale Maggiore),米兰

菲拉雷特确定了设计和执行方案。在方案中,中间是一个大方庭,四周四个相对较小的方庭。设计方案只有小部分完工。外部是佛罗伦萨风格的拱廊。随后圭尼富尔代·索拉里(Guinifort Solari)的到来,在拱廊下方增加了尖拱的设计。整个建筑由红色砖块和赤陶土建造而成,立柱使用了一些石头,但是大部分的颜色呈砖块的颜色。

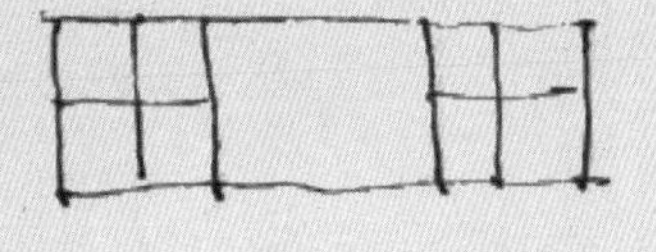

多纳托·布拉曼特 (Donato Bramante), 1444-1514

同属伦巴第学派的还有一些作品出自布拉曼特之手,他的作品大部分属于文艺复兴全盛时期,但是他早期的一些作品在米兰。

下页图为米兰总医院立面图、平面图

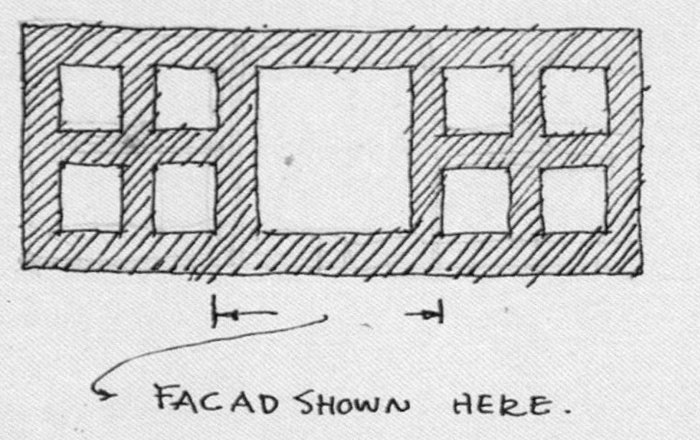

OSPEDALE MAGGIORE

XVII CENTURY PORTION IMITATING THE OLD.

—(VALERI PHOTO) —

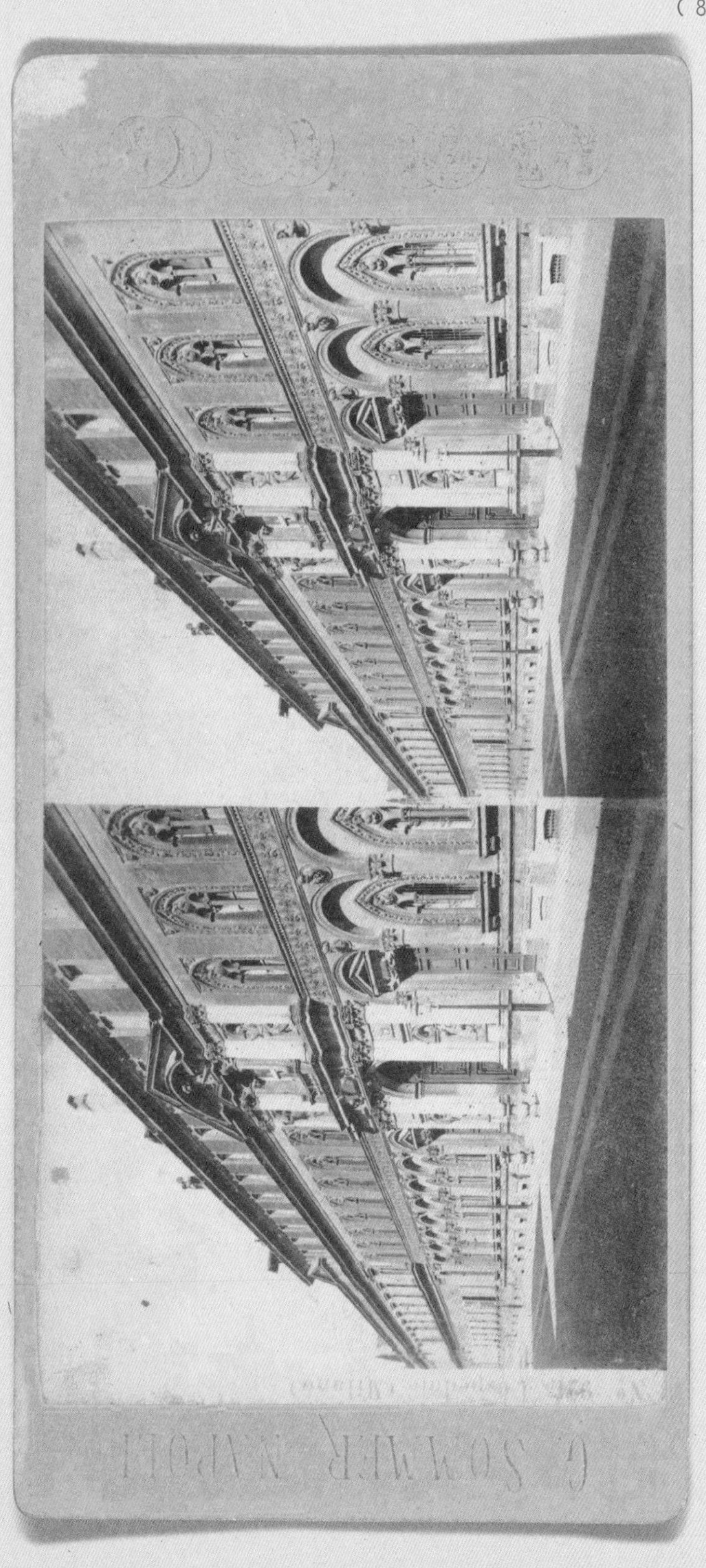

米兰总医院，摄影师：Giorgio Sommer，摄影时间：1860—1880，荷兰国立博物馆

米兰总医院，摄影师：Giorgio Sommer，摄影时间：1860—1880，荷兰国立博物馆

圣萨蒂罗教堂的圣母礼拜堂　(Santa Maria presso San Satiro),米兰

布拉曼特的"处女作",有一些新的特点。当布拉曼特开始从事这座教堂的设计时,他发现后殿将可能延伸到街道上,所以他很侧重这部分的设计。他是第一位在拐角处使用弯曲的柱式的建筑师。

圣母恩泽教堂　(S.Maria delle Grazie),米兰

在教堂东边的尽头,布拉曼特将其覆盖以大型穹窿。这是一座哥特式的教堂,教堂内部却受到佛罗伦萨风格的穹窿的影响。从中心往外的区域覆以半圆锥形的屋顶,使用小柱子取代圆柱,还有扶壁和圆形浮雕。教堂内部的设计基调是布鲁内莱斯基经常采用的。

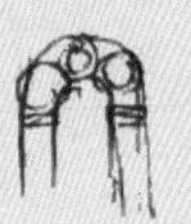

阿比亚泰格拉索教堂的门廊　(Porch of church at Abbiategrasso),米兰

这座建筑的设计风格也体现在布拉曼特之后的作品中。柱式有两层楼高,拱券位于柱式的上方,除了柱式之外,门廊属于伦巴第风格。

①

p86,米兰圣萨蒂罗教堂圣母礼拜堂平面图

p87,米兰圣萨蒂罗教堂圣母礼拜堂的圣坛透视图、圣器收藏室剖面图

p88,米兰圣萨蒂罗教堂圣母礼拜堂立面图

p89,米兰圣母恩泽教堂东部平面图　　p90,米兰圣母恩泽教堂透视图

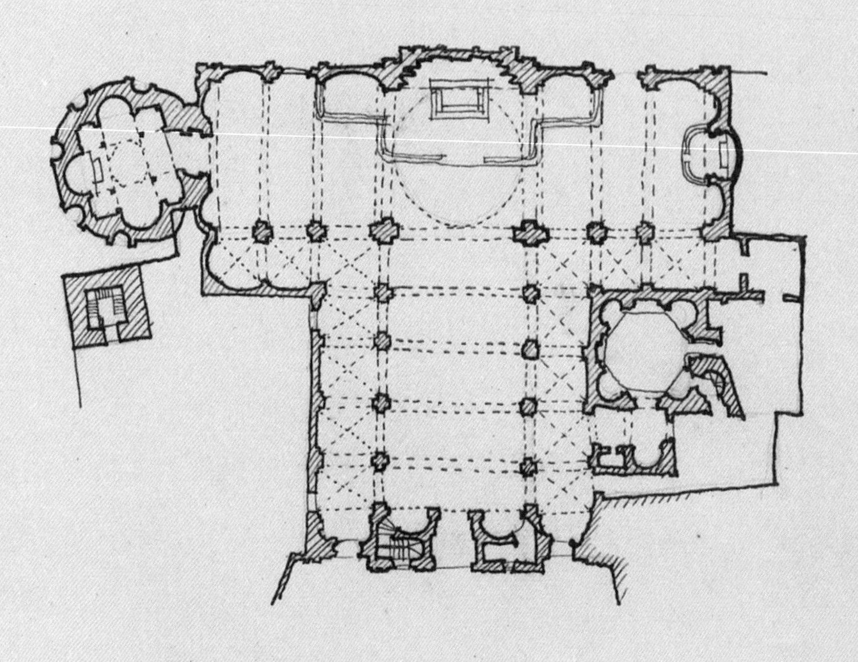

S. M. di SAN SATIRO, MILAN.

(VALERI)

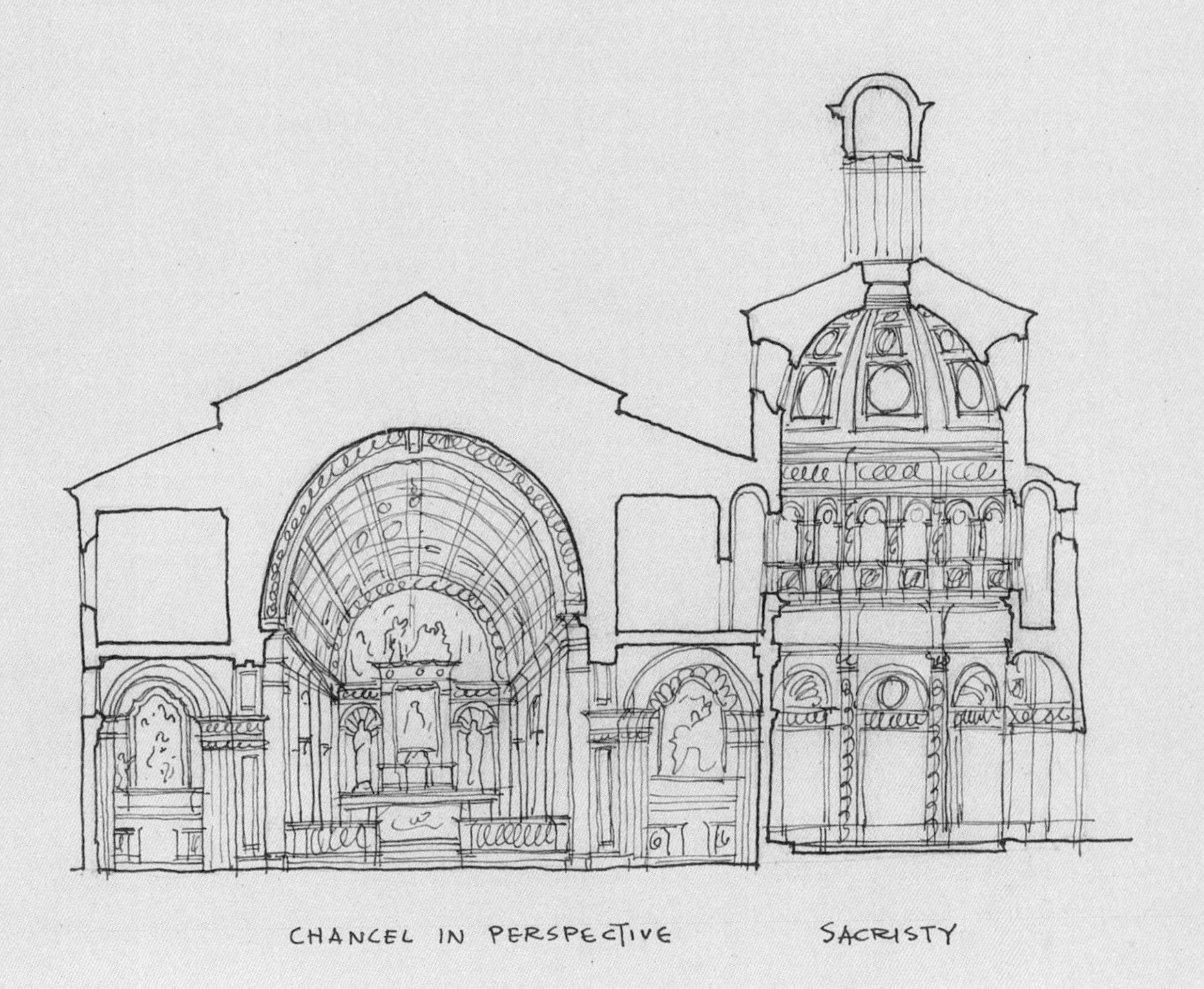

SAN SATIRO, MILAN.

(SIMPSON)

FRONT ELEVATION

S. M. DI SAN SATIRO, MILAN

(VALERI)

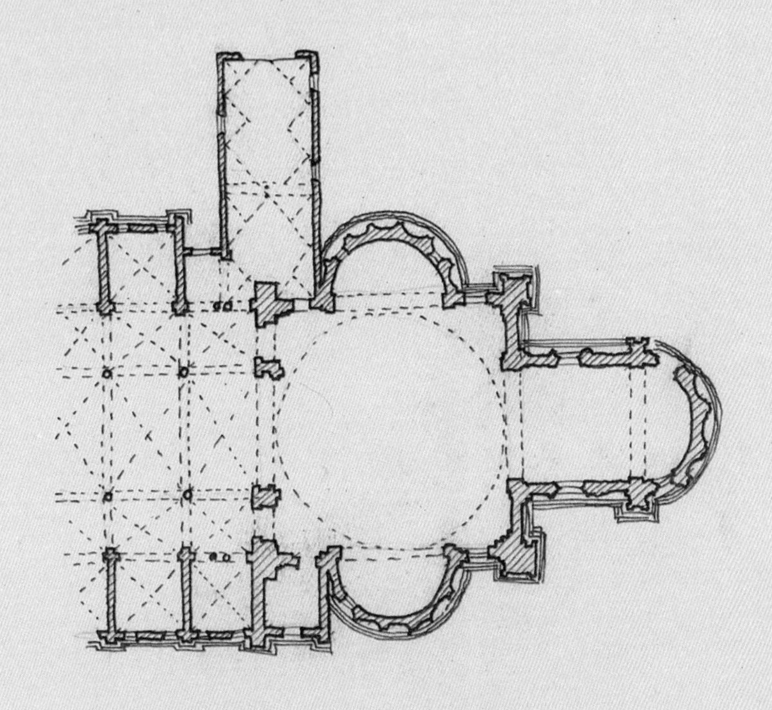

S.M DELLE GRAZIE, MILAN

EAST END

—(SIMPSON)

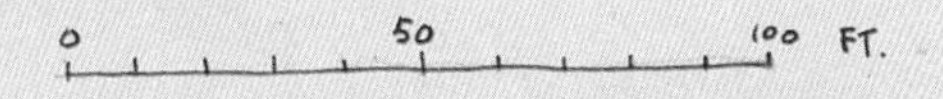

S. M. DELLE GRAZIE, MILAN

(VALERI)

课后笔记

罗马学派

- 威尼斯宫(the Palazzo Venezia)和圣马可教堂(Church of S.Marco)

  教堂(Church)——朱利亚诺·达·马亚诺(Giuliano da Maiano)

  小宫殿(Little Palace)——巴乔·蓬泰利(Baccio Pontelli)

  大宫殿(Large Palace)——朱利亚诺·达·马亚诺(Giuliano da Maiano)

- 灵魂圣母教堂(S.M.del Anima)

  ——老安东尼奥·达·桑迦洛(Antonio Da Sangallo the Elder)(?)

- 圣彼得教堂(S.Pietro In Montorio)

  ——巴乔·蓬泰利(Baccio Pontelli)

- 民众圣母教堂(Basilica of Santa Maria del Popolo)

  ——塞蒂戈亚诺 (Settignano)(?)

  ——布拉曼特(Donato Bramante)(唱经楼‹choir?›)

- 圣奥古斯丁教堂(Basilica of Sant'Agostino)

  ——巴乔·蓬泰利(Baccio Pontelli)

威尼斯宫和圣马可教堂，罗马

Palazzo Venezia&Church of S.Marco

（勒塔鲁伊，Letarouilly）

教堂于公元336年君士坦丁统治时期由教皇马克一世创立。公元772年由阿德里安一世对其进行翻修。公元833年由格列高利四世对教堂进行了全面的修复（包括楼座上图案的镶嵌）。1468年在保罗二世的主持下又一次对教堂进行了改造，朱利亚诺·达·马亚诺(Giuliano da Maiano)建造了它的立面和紧邻的一座教堂。保罗二世之后，该处建筑便成为教皇们夏天的住所，直到庇护四世为止。庇护四世将他夏日的住所迁往威尼斯。

在成为帝国的一部分之后，这里一度成为奥地利大使们的住所。

小宫殿

勒塔鲁伊认为此建筑出自其他建筑师之手。这是一处有围墙的庭院，通过一座桥与卡比托利欧山(Capitoline)相连，比大宫殿建造得要晚一些。人们认为它是由西斯科特四世和他的建筑师巴乔·蓬泰利建造的。为了证明这一说法，将它与圣阿波斯托洛教堂(S.S. Apostolo)作比较，可以证明这是巴乔·蓬泰利的作品。

建筑立面是用毛石建造的，上面覆盖着一层灰色水泥涂层。一层的飞檐、层拱和柱顶过梁使用的是凝灰岩。第一层和第二层的入口和柱顶过梁则是用大理石建造的。

注：原文如此，无主语。 （辛普森） 最大的，也最有名气。正面顶端是笨重的堞口，相比起来，未竣工的庭院看起来要更好一些。庭院内，数世纪以来罗马斗兽场风格的设计首次再现。拱门并不是从圆柱上延展出来，而是从紧邻圆柱的墩部延展出来，很像佛罗伦萨和博洛尼亚的庭院。

注：原文如此，无主语。 （鲍姆） 于 1451 年至 1455 年期间开始动工。庭院始建于 1466 年。承包商（建造者）是阿美迪欧·德·弗朗切斯科·达·塞蒂戈亚诺(Amedeo de Francesco da Settignano)和朱利亚诺·达·桑迦洛。建筑师很可能是来自彼得拉桑塔的贾科莫·迪·克里斯托法诺(Giacomo di Cristofano)。

上层的窗户最初是尖拱的，石雕花饰图案则留存至 1466 年。

比较 小宫殿的庭院与圣阿波斯托洛教堂的门廊非常相似。除了教堂立面，基座上方矗立着雕像的栏杆，在最高层的庭院立面上也有防护墙。其余部分就没有什么特别之处了。

两层的拱廊均为佛罗伦萨风格的，第一层是八角形的立柱，顶端有柱顶，第二层是爱奥尼立柱。拱肩和最上方的柱上楣构均有托架。

（古米尔，Gumaer） 窗户的外框由石头制成，这是第一次出现。此后，

这种形式在法国文艺复兴时期非常流行。

起初采纳的是罗马式拱廊，立柱矗立在高高的基座之上。拱基从立柱中凸出来。

安德森认为从门廊看，设计颇费心思。

推测庭院中拱肩的托架出自布鲁内莱斯基之手。

p95，罗马威尼斯宫与圣马可教堂平面图

p96，罗马威尼斯宫大宫殿局部及整体立面图

p97，罗马威尼斯宫小宫殿立面图

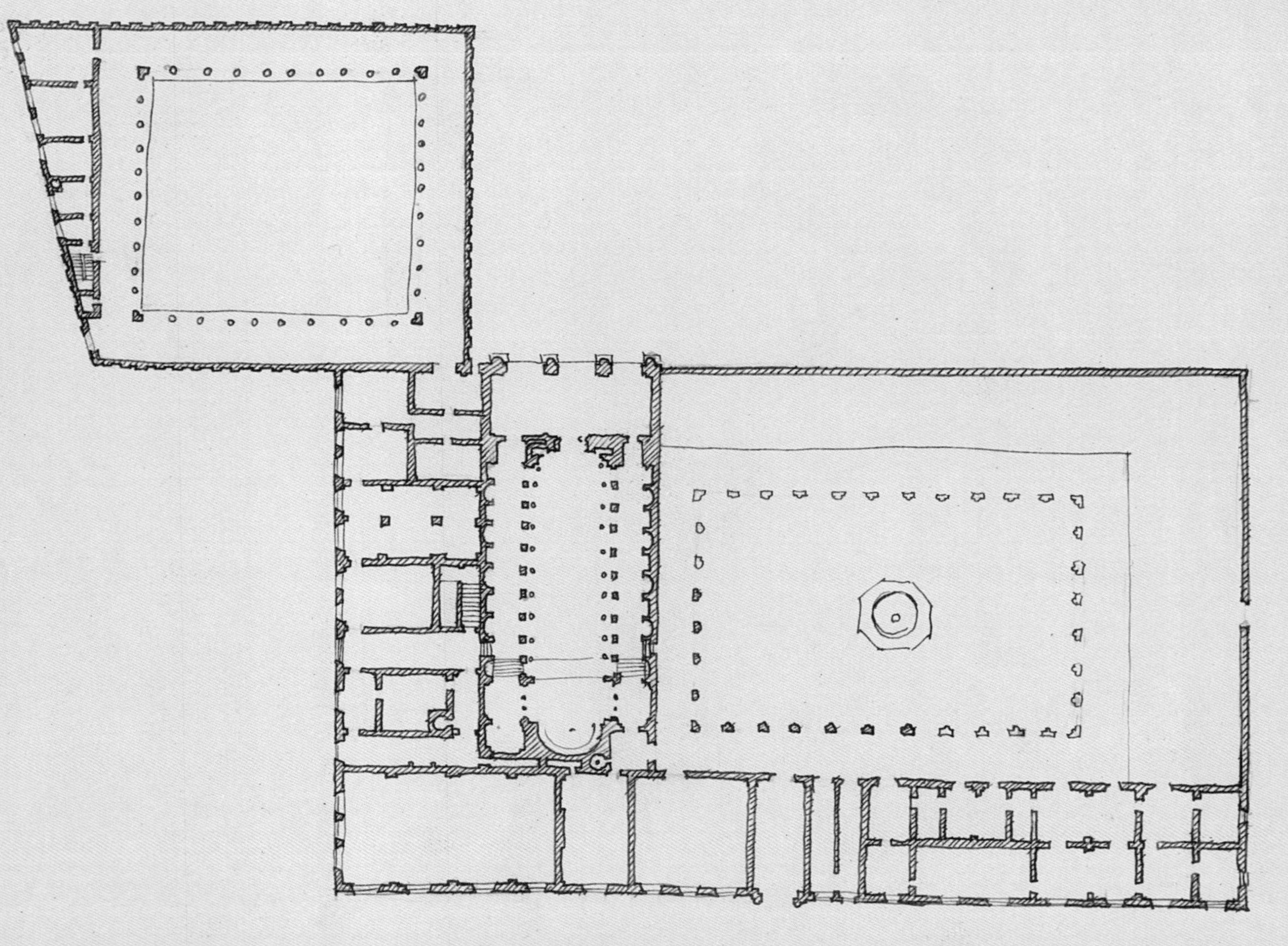

PALAZZO VENEZIA & CHURCH OF S. MARCO
ROME
-(LETAROUILLY)-

DE TAIL

DOOR WAY TODAY.

FAÇA DE

PALAZZO VENZIA

GRAND PALACE.

PALAZZO VENEZIA ROME

THE SMALL PALACE

-(LETAROUILLY)-

伦巴第学派

- 米兰总医院(the Ospedale Maggiore in Milan)

　　——菲拉雷特【安东尼奥·彼得罗·阿韦利诺(Antonio di Pietro Averlino)】

- 帕维亚卡尔特隐修院(the Certosa di Pavia)

　　—乔瓦尼·安东尼奥·阿马代奥(Giovanni Antonio Amadeo)(立面)

- 米兰圣萨蒂罗教堂(San Satiro)

　　—— 布拉曼特 (Donato Bramante)

- 米兰圣母恩泽教堂(S.Maria delle Grazie)

　　——布拉曼特 (Donato Bramante)(东部)

- 圣安布罗焦教堂的神父住房(Canonica at S. Ambrogio)

　　——布拉曼特 (Donato Bramante)

- 阿比亚泰格拉索教堂(Porch of church at Abbiategrasso)

　　——布拉曼特 (Donato Bramante)(门廊)

- 科莫大教堂的门(Door,Como Cathedral)

　　——布拉曼特(Donato Bramante)

（芒茨）

十五世纪前半叶，伦巴第风格的特点表现为：

(1) 沿袭了哥特式的风格；

(2) 风格独特；

(3) 采用大量装饰；

(4) 使用赤陶土（重复的装饰）；

(5) 保留尖拱顶。

佛罗伦萨人率先在北部发起了运动，但伦巴第人后来居上，逐渐形成了自己的风格，并且受到罗马式建筑启发设计建造了一系列建筑，例如：帕维亚的圣尤斯塔修斯教堂(Saint Eustorgio)、齐亚拉瓦莱修道院(Abbazia di Chiaravalle)、米兰的圣哥达教堂(S.Gottardo)。伦巴第人在向罗马式或基督教早期建筑形式回归的过程中，对古典建筑进行了深入研究，从而推动了风格的演化。与意大利中部相比，北方的罗马式建筑则有些不合规矩。

米兰大教堂的重要意义掩盖了其他建筑的光彩。例如：1450年开始兴建的斯福尔扎城堡(the Castle of the Sforza)、米兰总医院、传染病院(le Laqaretto)、波尔蒂纳里礼拜堂以及一系列的宫殿。布鲁内莱斯基被菲利普·马利亚·维斯康提征召到米兰。除他之外，佛罗伦萨学派重要的代表人物当属集雕塑家和建筑家于一身的菲拉雷特。

菲拉雷特本人的力量还不足以掀起北方的文艺复兴运动，他得到了米开罗佐的大力支持。后来米开罗佐接手了1456年弗朗切斯科·斯福尔扎(Francesco Sforza)交给科西莫·德·美第奇关于建造宫殿的任务。

菲拉雷特

安东尼奥·彼得罗·阿韦利诺，或称阿韦利诺，就是我们熟知的菲拉雷特。(Philareti在希腊语中意为"品德高尚的朋友"。)

日期：

生于1400 年，佛罗伦萨

卒于1469 年（芒茨）

也有可能逝于1465 年（辛普森）

（芒茨）

菲拉雷特和洛伦佐·吉贝尔蒂共同完成了洗礼堂门的设计。菲拉雷特作为一位平庸的雕塑家，却在罗马教皇犹金四世逗留佛罗伦萨期间得到了青睐，委托他建造圣彼得老教堂的铜门。

在教皇尼古拉五世刚登基时，菲拉雷特被指控于1448—1449年之间偷盗施洗者约翰的头颅而入狱，并最终被驱逐出罗马。1451年，他去了米兰，由美第奇家族引荐给公爵朗切斯科·斯福尔扎。他先后参与了大教堂、斯福尔扎城堡以及医院的建造。

他开始建造贝加莫大教堂，这座教堂在他死后很长时间才由卡洛·丰塔纳完工。

在米兰，为斯福尔扎效劳期间，菲拉雷特完成了他的建筑专著。在斯福尔扎死后，菲拉雷特似乎返回了佛罗伦萨，然后去了罗马。根据瓦萨里记载，他享年69岁。

（辛普森）

菲拉雷特1400年生于佛罗伦萨，并在那里一直生活到1433年。接下来的12年，他居住在罗马，1433—1445年修建了圣彼得大教堂精美的铜门，现为教堂的中心入口。

他之后从罗马到了威尼斯，设计并建造了巴萨诺大教堂(The Cathedral of Bassano)的一列银色十字架。在收到皮耶罗·德·美第奇写给弗朗切斯科·斯福尔扎的推荐信后，他启程到了米兰。1465年（或1469年），他在米兰去世。

米兰总医院，米兰

the Ospedale Maggiore in Milan

（瓦萨里）

菲拉雷特受到公爵弗朗切斯科·斯福尔扎邀请前往米兰。在罗马时，斯福尔扎曾经看到过菲拉雷特的设计作品。此次委托菲拉雷特建造的是一座慈善医院，专门收留穷苦人民、疾患中的难民和那些无助的私生子们。最终，他按照自己的设计完成了这项任务。（在教士德拉托雷‹Della Torre›关于米兰的描述中，认为这间医院是布拉曼特设计建造的，但是，众所周知的是，医院建成时布拉曼特年仅十三岁。在皮亚琴察一位卓有成就的当权人士写给菲利普·巴勒迪努齐‹Filippo Baldinnucci›的字条中提到，这座建筑出自菲拉雷特之手。）该建筑将各个方向的160braccia留给男性使用。建筑结构为十字形的，女性享有同等的使用空间。宽为16braccia，在每个区域均由十字形结构包围着四个方形广场，这是四个庭院。环绕在庭院四周的是内设房间的走廊。这些房间供医院的负责人员、管理人员和医护人员使用。房间各处都宽敞、舒适。此外，在建筑的一侧有自来水供医院使用，也可带动小磨碾磨谷物，为医院提供了便捷，也确保人人用水方便。在医院的两个区域中间，有一个回廊。回廊的一边有8braccia长，而另一边长160braccia。在回廊的中间

注：braccia是古意大利的长度单位，1braccia相当于66cm或68cm。

有一座教堂，专门设在此处为这两个区域服务。

（芒茨）

建筑平面长240米，宽96米。平面中央有一处大型方庭，在方庭中央有一座圆顶教堂。大型方庭的左右两侧，各自有四个由房间和柱廊环绕的小型方庭。从建筑的外部看，下方的一层建有一个开放式佛罗伦萨拱廊，拱门为半圆形的。在上面的一层，窗户等距地居于壁柱之间，立面的正中有一个平台将壁柱隔断。

这座建筑始建于1457年4月12日。几年来，菲拉雷特一直主持着这个项目。以这样的方式建造一间十字形房屋是为了让所有的病人都能够看到十字交叉处的圣坛。在罗马圣灵医院的设计中，西克斯图斯四世(Sixtus IV)采用了相似的方式。他完成了四个小型庭院中的三个，接下来的工作由圭尼富尔代·索拉里接手，他们又重新采用尖形拱。

（辛普森）

1456年，菲拉雷特受命负责米兰总医院的设计建造。据他记载，1457年4月12日，破土动工，声势颇大。这座建筑，或者更加确切地说是这座建筑的正面是菲拉雷特的主要建筑成就，庭院则是后来建造的，由其他建筑师主持设计建造。

（古米尔）

圆形浮雕上刻的人像雕塑非常显眼，属于巴洛克风格，整个立面呈红色。圆形立柱由红色花岗岩建造，其他部分则采用红砖和赤陶土等建材。主要的庭院是巴洛克风格的。

（英国皇家建筑师学会）

大约在1485年，布拉曼特接手了这所医院的设计建造。当时，他一方面要为威尼斯大使们绘制草图，建造房屋，同时还要完成医院第二层右翼的设计建造。菲拉雷特的接任者又将建筑风格改回到哥特风格。他开始动工建造大型庭院，但是拱廊被弗朗切斯科·里基诺（Francesco Ricchino）推翻，仅有庭院一侧赤陶土的栏杆和列柱得以重建。

（盖米勒，Geymüller）

在卡菲（Caffi）出版的一份史料中记载，1485年米兰总医院支付给布拉曼特12里拉5索尔多绘制一幅代表医院的画送给威尼斯大使。从这一点或许可以证明布拉曼特与这座建筑的关系。盖米勒注意到建筑第一层用来装饰哥特风格窗户（位于由弗朗切斯科·里基诺新建成的那一部分与三个赤陶土中间的包厢之间）的圆形浮雕中，有六七个名人雕塑与圣萨蒂罗教堂圣器室中卡拉多索的作品相同。

布拉曼特

日期

1444年生于乌尔比诺(Urbino)附近。

于1514年去世。

家庭出身

出身于布拉曼特家族。这个家族在距离乌尔比诺三英里(约4.8公里)的费尔米尼亚诺附近拥有蒙特阿斯杜拉多、皮斯特里诺和蒙特布兰地三座别墅的房产。

早年生平

(芒茨)

有关布拉曼特的记叙非常少。

布拉曼特在从事建筑设计之前曾学过绘画。(据瓦萨里所述,他师从乌尔比诺的画家、建筑师弗拉·卡尔内瓦莱,他很可能认识皮耶罗·德拉·弗朗西斯卡,或许还认识阿尔贝蒂和曼特尼亚。)

由于早期教育的缺失,布拉曼特几乎没有学过读写。因为没有发现他任何留存下来的手稿，一些传记作家甚至判断他不会写字。然而他的聪明才智足以掩盖这一点。

人们很难相信布拉曼特没有去过托斯卡纳地区，他的一些作品很容易让人联想到佛罗伦萨的历史遗迹。

大约在1472年（或1474年），布拉曼特在米兰定居。他服务于斯福尔扎家族，一直到鲁多维科·伊尔·莫罗政权的覆灭。

从留存下来的一些画作看，布拉曼特属于翁布里亚－佛罗伦萨画派。

建筑特点

（芒茨）

人们简直不相信布拉曼特没有到过托斯卡纳。他的一些作品让人立刻想起佛罗伦萨的历史遗迹。从圣母恩泽教堂的内部看，此前他曾研究过圣洛伦索的圣器收藏室。在设计建造方面，这座教堂外部的半圆形穹窿与佛罗伦萨大教堂的穹窿类似。圣安布罗斯教堂（S.Ambrogio）的拱廊与圣洛伦索教堂内部的风格相似。罗马圣布莱斯教堂（Palazzo S.Blaise）的底层让人想起皮蒂宫粗犷的石材砌造手法。

盖米勒曾谈到伦巴第建筑风格对布拉曼特的影响。

"伦巴第建筑对基柱和穹窿的布局一定极大地影响了布拉曼特。同样，帕维亚、维杰瓦诺的建筑以及米兰的总督府邸的确都非常壮观，布拉曼特从这些建筑中汲取灵感，这是他无法在意大利的其他地方获得的。米兰的大教堂和圣洛伦索教堂也对他产生了一些影响。在科莫大教堂(Como Cathedral)南立面大门的设计中(1491年)，布拉曼特有十足的把握，果断将伦巴第—罗马式风格中的穹窿形装饰和新的形式融合在了一起。"

布兰曼特在罗马的主要作品列表

圣彼得大教堂(S. Peter's)

梵蒂冈观景楼庭院(Great Court of Vatican)

戈韦尔诺韦基奥公寓(House on Via del Governo Vecchio)

枢密院大厦(Palazzo Cancelleria)

蒙托里奥的圣彼得教堂隐修院小神殿(Tempietto in S.Pietro in Montorio)

和平圣母教堂回廊院(S. M. Della Pace Cloister)

圣萨蒂罗教堂，米兰

San Satiro

1485 年（辛普森）

1474 年（安德森）布拉曼特在世时未完工

1482-1487 年（文图里，Venturi）

该建筑出自布拉曼特之手

（辛普森）

教堂的圆屋顶与巴齐礼拜堂的屋顶相似。

圣坛的绘制符合透视法，这座建筑并没有为一个适当的圣坛留下空间，全靠画家们的技巧。

圣萨蒂罗教堂的圣器室是一座穹顶为八角形的建筑，其内部装饰奢华、精致，细节考究，格外引人注目。将建筑分为上下两层的装饰带也丝毫不逊色，赤陶土半身雕像掩映在花坛中，两侧有儿童雕塑，是卡拉多索的杰作，转角处是弯曲的附有墙裙的壁柱。这些镶板上布满了雕刻的装饰纹样，掩盖了一条单调的直线一直延展至中心，看起来令人感到十分愉悦。

（古米尔）

从外部看，该建筑具有显著的文艺复兴风格。从内部看，更多地沿袭了过去的特点。穹顶的外部与巴齐礼拜堂的屋顶颇为相像。

布拉曼特十有八九看到过布鲁内莱斯基的作品，他们都擅长使用相切圆的表达方法。

在立面的建造设计当中，仅有底部的饰带是布拉曼特的作品。

柱头非常美观，比托斯卡纳流派的柱头要简洁，建筑使用了大量这样的柱头，看起来效果不错。

从圣坛的角度看，壁柱上绘制着蔓藤花纹，但是柱顶是仿制的。

圣器室中，第二层首次出现双突出结构。布拉曼特在罗马的和平圣母教堂的建造中使用了这一建造方式。

（盖米勒）

推测圣萨蒂罗教堂的圣器室建造时间不应晚于1483年。1486年，布拉曼特在贝加莫作画。卡拉多索于1487年造访罗马。

（英国皇家建筑师学会）

究竟该把这座教堂的建造归功于谁？这个问题一直备受争议，后来盖米勒从墓碑中找到了答案。

圣萨蒂罗老教堂的一部分被修缮后，古老的中殿（如今是耳堂）仅留下了一条居于左侧的通道。在浅浮雕中，布拉曼特采用了透视的手法，效果不错。耳堂尽头有两个同心半圆的拱门饰。如果不是在佛罗伦萨，我们或许在波尔蒂纳里礼拜堂见到过。

在圣器室，壁柱呈弯曲状以适应拐角处，而不是在拐角处连接的两面墙边各立一个壁柱。

人像雕塑装饰出自卡拉多索之手，而建筑本身的装饰则是由布拉曼特严格督导把关。

建筑直径21英尺（约6.4米），高46英尺（约14米）。

下页图为布拉曼特为米兰圣萨蒂罗圣母礼拜堂设计的正立面图

BRAMANTE'S DESIGN FOR

THE S. SATIRO, FACADE

-(IN LOUVRE MUSEUM)-

圣母恩泽教堂，米兰

S.M.Delle Grazie

1492 年（安德森）

1490 年（辛普森）

布拉曼特的作品

（辛普森）

在圣母恩泽教堂哥特式的中殿东侧，布拉曼特增建了著名的半圆形后殿。

方案

（后殿）中部为正方形，南北部为半圆形壁龛，朝东的方向有一座长长的圣坛。尽管拐角很坚实，墙却很薄，因此不太可能承受住砖石圆屋顶的重量，至于布拉曼特当时是否想要修建这样（砖石）的穹窿，现在已不得而知。采光亭呈十六边形，平坡屋顶，覆于穹窿之上，非常符合北方的传统，但这是在他离开米兰以后，由其他人扩建的。上层的每一面都有一扇圆形窗，十六扇窗和内部的穹窿的十六处开口相对应。尽管混合了大理石、赤陶土和砖的外部结构非常迷人，但这并没有产生什么好的影响。下层简洁的矩形窗和壁龛让人赏心悦目，这也表明布拉曼特的建筑思想已开始走向成熟。尽管以上的一些细节十分精美，楼层之间的结合却并不令人满意。内部可以看到建筑师最钟爱的手法——两个同心的拱门饰，两者之间有一定的距离，由一系列的圆连接，填充了它们之间的空间。

（英国皇家建筑师学会）

下半部分中只有文艺复兴风格的部分是在布拉曼特的指挥下建造完成的，部分装饰以大理石取代了陶瓷砖。圣器室的顶棚饰有节绳和穗带，米兰语称其为 Gruppi。教堂所在地乌尔比诺有幅图纸展示了布拉曼特对教堂所作的修正，其中采光亭样式使人联想到坦比哀多礼拜堂。这表明他在 1492 年就已熟悉了古典样式。

（盖米勒）

圣母恩泽教堂半圆形后殿始建于 1492 年 3 月 29 日。盖米勒认为，建筑的上半部分没有完全按照布拉曼特绘制的图纸建造，施工者的工作不够认真。不久前在乌尔比诺去世的蓬佩奥·盖拉尔迪伯爵有一幅圣母恩泽教堂的手绘图，推测由布拉曼特绘制（抑或是摹本），这幅手绘图的比例更为精细。盖米勒认为回廊和圣器室是布拉曼特设计建造的，至于门廊则不能确定。

盖米勒认为，由多纳托·蒙托尔法诺（Donato Montorfano）绘制的修道院餐厅中的壁画《耶稣受难》中的建筑有可能是布拉曼特所画。朱塞佩·博西(Giuseppe Bossi)则认为圣母恩泽教堂为达·芬奇所设计，不过目前并没有证明这一推测的文献。此外，卢卡·帕乔列修道士(Fra Luca Pacioli)在他献给鲁多维科·伊尔·莫罗的手稿中虽提到了《最后的晚餐》，却并未涉及达·芬奇担任教堂建筑师一事。

圣安布罗斯教堂的神父住房，米兰

Canonica at S. Ambrogio

1492—1499（鲍姆）

（古米尔）

它放弃了托斯卡纳式的拱廊，因为这样的拱廊看起来既低又宽，改用了罗马风格的拱廊。隐修院拱廊上方有柱上楣构。

下页图为米兰圣母恩泽教堂剖面图

S.M. DELLE GRAZIE , MILAN

-(SIMPSON)-

阿比亚泰格拉索教堂，米兰

Abbiategrasso

（辛普森）

阿比亚泰格拉索教堂正面的西部在某种程度上受到曼托瓦圣安德烈教堂的启发，但是这一点至今存疑。建筑的设计自然非常不尽如人意。一对立柱分居两侧，角柱在拱门的起拱线上，建造粗糙的立柱与阿尔贝蒂设计建造的精美壁柱相比，简直是替代品。拱门没有拱座，如果没有铁制拉杆，长时间或许会倒塌。教堂的设计建造属罗曼式风格，并非古典风格。布拉曼特更多地从12世纪维罗纳和皮亚琴察大教堂的双层走廊上汲取灵感，从阿尔贝蒂设计建造的教堂中汲取的灵感要少一些。

（古米尔）

显而易见，它是梵蒂冈花园里雕刻着松果球的壁龛的先驱。

（照片）

拱门上刻着日期"19?7"，字迹模糊，很难确定这个年份后两位究竟是27，77，还是97。

下页图为米兰阿比亚泰格拉索教堂入口门廊透视图

CHURCH AT ABBIATEGRASSO
ENTRANCE PORCH

-(SIMPSON)-

科莱奥尼礼拜堂，贝加莫

Colleoni Chapel

（鲍姆）

由乔瓦尼·安东尼奥·阿马代奥(Giovanni Antonio Amadeo)设计建造。

礼拜堂内部是雇佣兵将军巴尔托洛梅奥·科莱奥尼(Bartolommeo Colleoni)与其女儿的墓碑。

（辛普森）

科莱奥尼礼拜堂紧邻圣母玛利亚教堂(Santa Maria Maggiore)，堪称"雕塑家的建筑"的典范，混合使用了粉色、白色、黑色、红色和灰色大理石。

（照片）

建筑具有很强的哥特风格。

墓碑上的雕塑具有很鲜明的伦巴第手法主义风格。

第十三课:11 月16 日, 1925 年

在布拉曼特去了罗马之后,他开始使用不同的建筑材料,建筑设计风格发生了翻天覆地的改变。在罗马,他使用赤陶土,建筑材料如何影响到设计风格的改变是件非常有趣的事情。

卡尔特隐修院 (the Certosa di Pavia),帕维亚

卡尔特隐修院位于米兰与帕维亚之间的城镇。教堂的立面和回廊具有明显的伦巴第风格,立面采用扶壁。我们能够从神龛和小尖塔来阐释经典的设计。立面为石面,但是设计方案却建议大量使用赤陶土,表面全部覆盖了各类装饰和浮雕,规模非常小。立面装饰因为从稍微远一些的距离几乎无法看到而受到批评。一些部分镶嵌着彩色的大理石,具有珠宝的质感。甚至一些装饰和浮雕在视平线以下,站立着看显得非常细小,人们不得不弯下腰才能看到。修道院为哥特风格,如今是一座博物馆。

修道院大多采用砖头和赤陶土。回廊由赤陶土建造而成,立面一直未能完工,这代表了设计意图在中途发生了改变。建筑的上半部分更加简约。

(120)

科莫大教堂的大门 (Doorway of Como Cathedral),科莫

科莫大教堂是哥特风格的建筑,但是大门由布拉曼特设计。

pl21,帕维亚的卡尔特隐修院立面图

pl22,科莫大教堂的大门立面图

CERTOSA AT PAVIA.

-(BAUM)-

DOORWAY OF CATHEDRAL

COMO

-(BAUM)-

威尼斯学派

在文艺复兴运动中，威尼斯学派比佛罗伦萨学派晚了50年，是文艺复兴运动在意大利的最后一部分。哥特式风格相当稳固，同样也受到古老的拜占庭风格的影响，这里存在着一些古老的拜占庭式教堂。从某种程度上而言，威尼斯学派是现代的：他们与意大利其他地区的罗马文明不甚相同，它长期受到东方拜占庭皇帝的统治。

大部分的罗马传统被拜占庭取代。内陆的人们为了躲避蛮夷，聚集在潟湖边，建造城市。

15世纪这些殖民地有所扩张，包括达尔马提亚和克里特岛，直到共和国的成立，而后他们开始征服意大利内陆。

课后笔记

卡尔特隐修院，帕维亚

the Certosa di Pavia

（芒狖）

教堂主体始建于1396年。修道院西立面由阿马代奥负责，于1491年开工兴建，但是直到16世纪初才竣工。

（辛普森）

从非建筑方面讲，隐修院正面的西侧表现力非常丰富。工匠的技艺精湛，精通新流派的细节，为建筑的每一个独立的细部增添了更多美感。但是这些工匠并未真正掌握本质的建筑章法，他们的作品缺乏节奏感和韵律，过于平淡，他们把更多的精力放在装饰上。

吉安·加莱亚佐·维斯孔蒂（Gian Galeazzo Visconti）在妻子的建议下，为十二位卡尔特修道士建造了这座隐修院。1396年将原址夷为平地。他委任威尼斯的贝尔纳德（Bernard）为总工程师，由来自坎皮奥内(Campione)的詹姆斯(James)和贝尔特拉米(Beltrami)的克里斯托弗(Christopher)担任管理者。奠基仪式于1396年8月27日举行，其间这项工程停滞了很长时间。1450年，新一任米兰公爵弗朗切斯科·斯福尔扎委任约翰·索拉里(John Solari)为建筑师，随后他的儿子圭尼富尔代·索拉里接手了这个项目。最初的立面太过朴素，不太适合卡尔特修道士们的品位。1472年邀请了雕塑家克里斯托弗罗·曼泰加扎(Cristoforo Mantegazza)和阿马代奥来进行装饰工作。这项工作一直持续到16世纪上半叶。与此同时，对隐修院进行了扩建，原初整体协调的设计理念遭到破坏。

科莫大教堂的门，科莫

Door, Como Cathedral

（辛普森）

科莫大教堂的门外有着与其同轴的拱门饰，圆形内部由四散的正方形代替。据盖米勒说，布拉曼特于1491年6月6日开始动工。

（照片）

方形头的门道外框由成对的科林斯式壁柱装饰，底座和承重层则是典型的罗马风格。两个壁柱之间有两个壁龛，一个在另一个之上，壁龛上雕刻有人像。辛普森提到，在柱式的顶上是同轴的拱门饰。它顶端的柱上楣构是三角形的山形墙。

第十四课:11 月17 日, 1925 年

15 世纪上半叶，佛罗伦萨人联合威尼斯人对抗米兰人，但是后来他们成了敌人。佛罗伦萨人和威尼斯人对这样的一场运动更多的是基于同情，这使得他们彼此望而却步。伦巴第学派的艺术家把艺术带到了威尼斯，逐渐形成了威尼斯学派。

这个学派一大显著的特点是家族性。比如，伦巴第家族几代人都投身建筑。

事实上，威尼斯学派的代表人物几乎没有。

色彩画家流派　　芒茨将这一流派称作色彩画家流派。这一流派的特点非常显著，使用拜占庭风格的外立面。在整个意大利他们使用罗马式建筑的结构方式，建造一个躯壳式的外立面，实则是一层虚假的外皮。但是在威尼斯，情况有所不同，外立面更加坦率，大理石被当成"壁纸"，与内部结构完全无关。坦率地讲，从外立面这一点上看，威尼斯学派的建筑要诚实一些。

突出水平的特点　　威尼斯学派的另一个特点是强调水平线条，经常包括整个檐部，有时采用双檐壁等，使其变得更加厚重。

其他特点　　建筑经常使用半圆形的山花。有时候一些建筑立面顶端是山花，似乎源自圣马可教堂的立面。从外部轮廓看，建筑物直冲云霄。

建筑装饰　　所使用的装饰灵感源自大海，有海马、海苔、贝壳、美人鱼，还有船只、绳索、海王星等。

宪章门　　(Porta della Carta)，威尼斯

位于威尼斯，由巴尔托洛梅奥·博恩(Bartolomeo Buon)设计为哥特式风格，是威尼斯总督府的入口，建筑展现出文艺复兴时期的特点，花型的浮雕上有些菩提图案，壳体保护着壁龛，均为古典风格。

威尼斯总督府　　(the Doge's Palace，又名 Palazzo Ducale)，威尼斯

第一层是圆拱，第二层除了顶层是阶梯式椭圆形

注：梁先生笔记中为Pucale，疑为笔误，应为Ducale。

的，其他的均为尖拱，拱由柱墩支撑。地面和檐部均镶嵌着彩色大理石，非常有艺术特色，建筑采用伦巴第风格的窗户。广场为半圆形。从维罗纳的博尔萨里门(Porta Borsari)汲取灵感。

在建筑构成方面，立面全面的衰退。笨重的柱墩之上是露天的，它甚至连建筑构造最基本的原则都没有遵循。装饰十分精美，巨大的楼梯非常奢华。

彼得罗·隆巴尔多(Pietro Lombardo)

文德拉明·卡莱尔吉府邸 (Palazzo Vendramini)，威尼斯

文德拉明·卡莱尔吉府邸是隆巴尔多的代表作。建筑在建造结构方面非常合理，在整体设计方面，与哥特风格的宫殿和拜占庭的宫殿非常相似。建筑两边突出，中心开阔。

注:《弗莱彻建筑史》中记载，文德拉明·卡莱尔吉府邸是由毛罗·科杜奇所设计。

威尼斯政府大多设在此处。大部分的宫殿都在运河之上，这是一处不容易发生暴乱的地方。建筑立面是敞开的，底层用来做仓库，非常潮湿。主要的房间在入口上方，尽头为厚镶板，整体非常壮观。檐壁极具艺术特色，窗户体现了花式窗格向古典风格的过渡，立面附有叠加的柱式，檐部有沉重的装饰带。

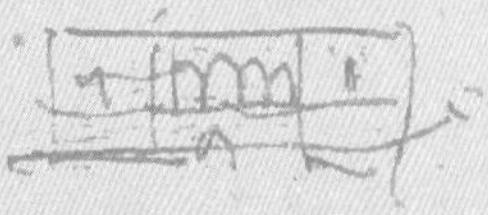

pl30，威尼斯总督府平面图

pl32，威尼斯文德拉明·卡莱尔吉府邸主檐口

pl33，威尼斯文德拉明·卡莱尔吉府邸透视图

pl34，威尼斯文德拉明·卡莱尔吉府邸立面图

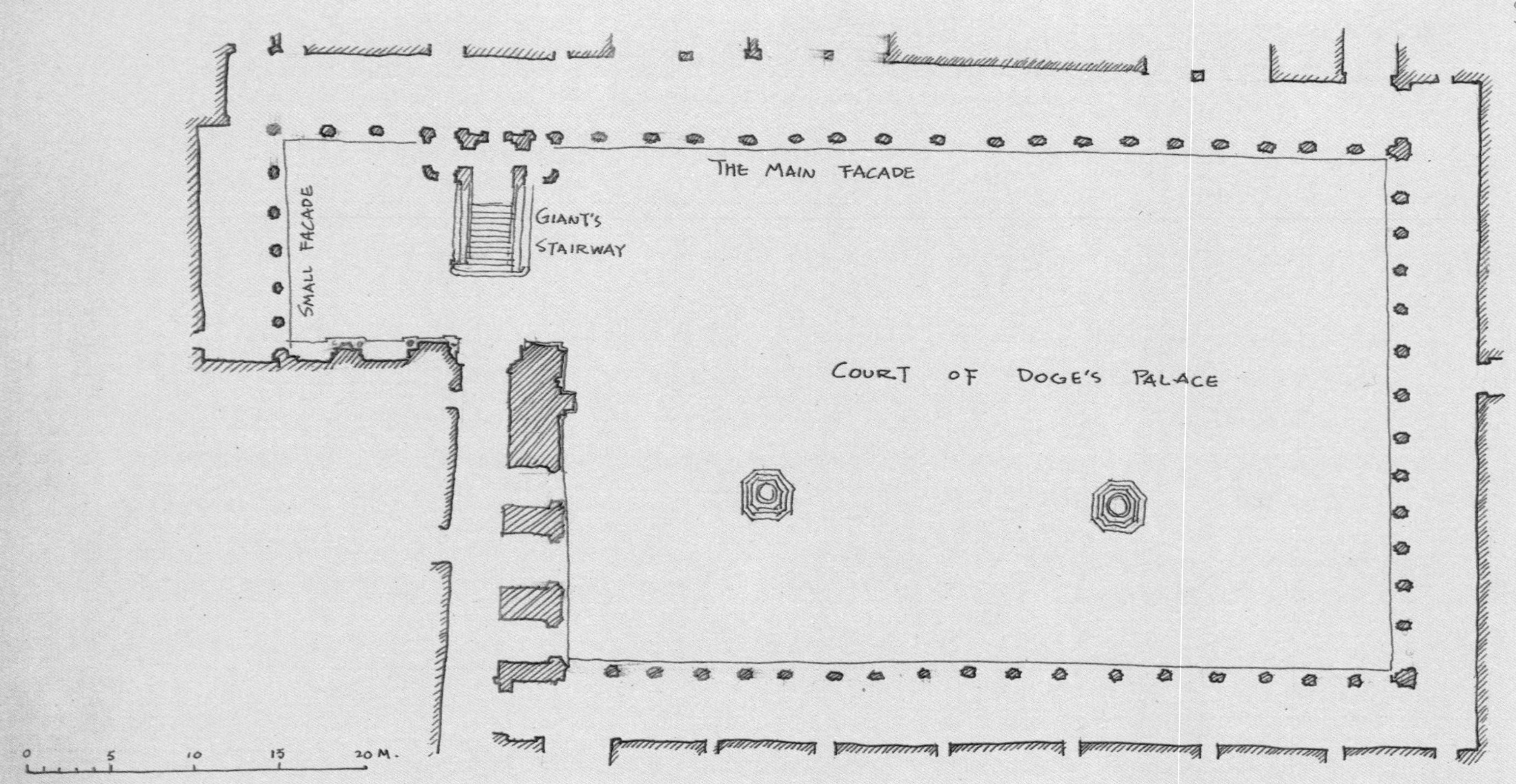
THE MAIN FACADE
SMALL FACADE
GIANT'S STAIRWAY
COURT OF DOGE'S PALACE
0
5
10
15
20 M.

威尼斯总督府，摄影师：未知，瑞典国家科学技术博物馆

(2)

Fletcher · HISTORY OF ARCHITECTURE

PALAZZO VENDRAMINI

VENICE.

(134)

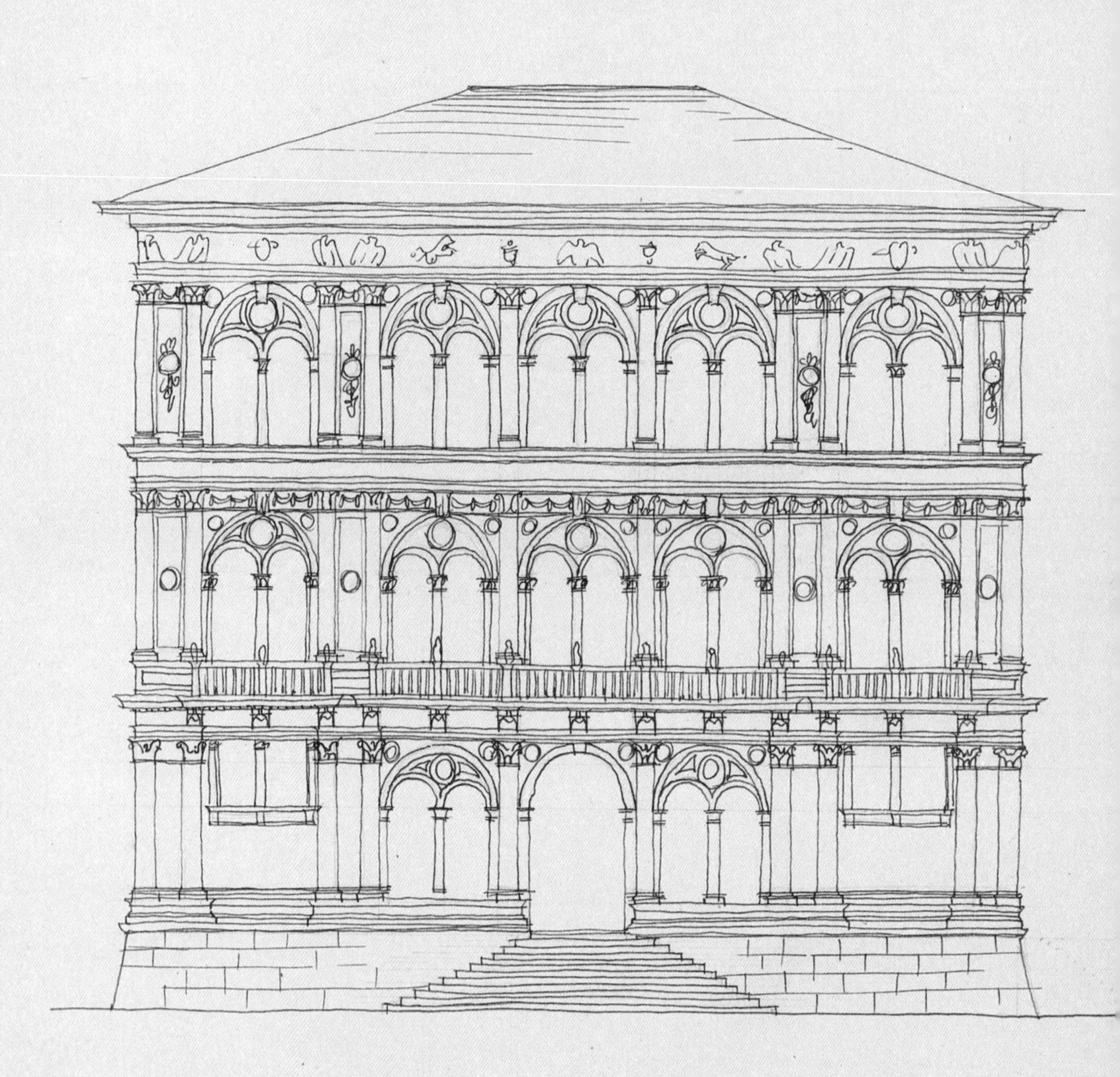

PALAZZO VANDRAMINI CALERGI

VEINCE

0 5 10 15 M.

0 5 10 15 20 25 P.V.

圣母神迹教堂　　(Santa Maria dei Miracoli),威尼斯

威尼斯圣母神迹教堂的建造方案非常有趣,不走寻常路。它没有侧廊,仅有一个宽敞的中殿。上方为木结构筒形拱顶。圣坛在高台上,经15个台阶可到达,覆盖以帆拱穹顶。一般在这里的台阶上举行各种仪式。许多伦巴第风格的教堂都具有这个特点。墙面为大理石,铺设着镶板,对比强烈的不同色彩所产生的强烈对比使建筑结构轮廓显得非常清楚和精确。细节处的工艺非常精致。在这座教堂里,内部有一些最好的蔓藤纹饰,雕刻得非常精致。圣坛之上的穹窿形状像洋葱,立面被分为两层。两层的壁柱,上层为拱廊。建筑前方覆盖着与后方相同的筒形穹窿。

安东尼奥·甘贝罗(Antonio Gambello)和

毛罗·科杜奇(Mauro Coducci)

圣撒迦利亚教堂立面　　(Facade of S.Zaccaria),威尼斯

圣撒迦利亚教堂有五层楼高。立面强调水平弯曲。半圆形山形墙,附以两条半圆形曲线。第二层非常有趣,有着一系列附着壳体的拱廊,看起来像是壁龛,但是在平面图上看却非常扁平。

p136,威尼斯圣母神迹教堂立面图

p137,威尼斯圣母神迹教堂剖面图、平面图

(136)

S.M. de' MIRACOLI

VENICE

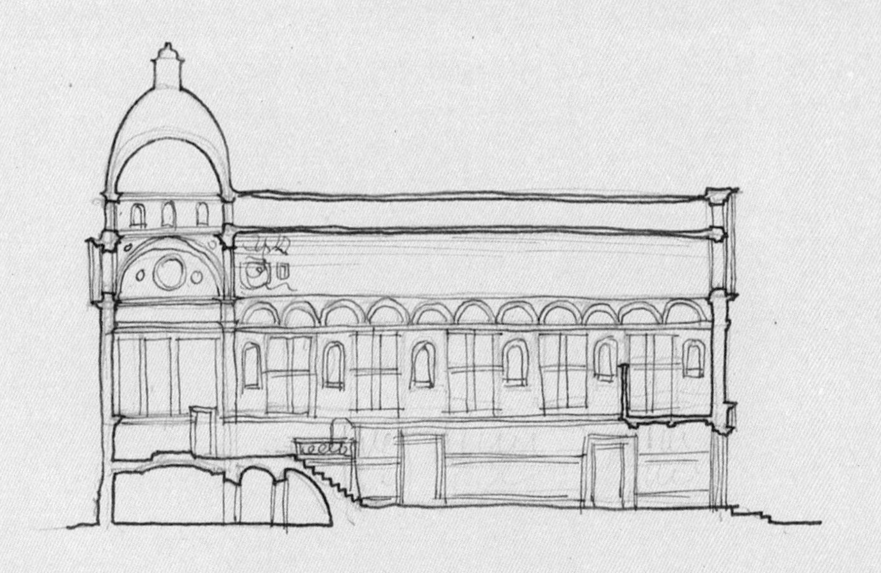

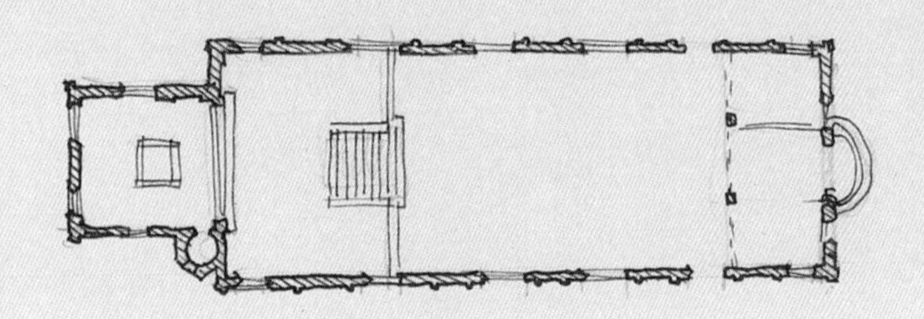

S. M. DE MIRACOLI

VENICE

威尼斯

威尼斯总督府，威尼斯

Palazzo Ducale

（莫尔门蒂，Molmenti）

1483年，因为一场大火，总督府遭到损毁。后来，维罗纳建筑师安东尼奥·里佐（Antonio Rizzo）对庭院和面朝运河的立面进行了复建，安东尼奥·布雷尼奥（Antonio Bregno，又名斯加帕尼诺‹Scarpagnino›）和巴尔托洛梅奥·博恩担任他的助手。

（芒茨）

安东尼奥·里佐早年在威尼斯紧邻总督府的地方经营着一间雕塑工作室。在1483年的那场大火之后，他被任命为教堂的总建筑师，年薪是125达克特。他负责建造沿着运河的侧立面，以及那一侧的庭院和巨型楼梯。

1498年，他被迫逃往福利尼奥(Foligno)，并于当年3月14日在那里去世。这一年，由彼得罗·隆巴尔多接替里佐，担任总督府的总建筑师。

（鲍姆）

下面是墙上刻有的任总建筑师的名字和时间：

安东尼奥·里佐，1484-1498

彼得罗·隆巴尔多，1499-1511

安东尼奥·斯加帕尼诺，1545-1550

楼梯由里佐和彼得罗·隆巴尔多设计建造。战神和海神的雕塑则出自桑索维诺(Jacopo Sansovino)之手。

拱门

楼梯的立面全部是开放的拱门。第二层楼中间最高处的楼梯有三个半圆拱，其余的均为尖拱。下方两层都是开放的敞廊。首层成组的立柱则为哥特式风格。第二层窗户的檐口作为第三层的窗台，直立的壁柱可以看作是窗户的外框。壁柱高至拱门的拱脚线处，在它之上是基座，基座支撑着作为窗台的檐口，与拱门顶端相切。第四层，也就是最高一层有着相同的窗户框，唯一不同的是壁柱由基座支撑，而不是基座由壁柱支撑。从拱门的细节看，属于文艺复兴风格。

窗户　　参见上面一段。

比例　　所有开放的空间均沿袭了哥特式传统，比例是狭长的。

构图　　明显的水平线条，这在威尼斯非常普遍。窗户之间的间隔并不那么规律。

柱式　　对柱式处理得非常草率。第二层是成对矮胖的立柱。所有的壁柱都有嵌板。每一层的装饰带都非常夸张，似乎在强调水平性。

楼梯

（芒茨）

巨型楼梯从建筑的庭院延伸到第一层，称其为"巨型"并非因为它的规模，而是由于楼梯顶部出自桑索维诺之手的两尊巨型雕像。虽然楼梯总共只30级台阶，但是"攀登台阶却需要花费一个小时"，查尔斯·勃朗说："如果人们希望仔细观察阶梯上众多雕像的细节，首先是那些较低的基座上的两篮覆盖着稻草的欧楂果，立柱犹如装饰着扶手和奖杯的象牙鞘，还有那些包装雅致的花雕金属台阶。"

拜占庭主题　　采用大理石图样的贴面使立面充斥着浓郁的拜占庭风格，雕刻着文艺复兴主题，实则拜占庭主题。整个立面覆盖着装饰，成对的立柱具有更加鲜明的拜占庭风格。拱门上的牛眼窗也出自更加自由的时期。

庭院的侧立面

（芒洨）

有一处侧立面值得关注，它居于主立面的一侧，在巨型楼梯的左边。据作者塞尔瓦蒂科（Selvatico）推测是彼得罗·隆巴尔多在1499年至1511年的作品，但是瑞士的艺术与文化史学家雅各布·布尔克哈特（Jacob Burckhardt）却认为是古列尔莫·贝尔加马斯科（Guglielmo Bergamasco）设计建造的。

pl42，威尼斯总督府主立面图
pl43，威尼斯总督府侧立面图

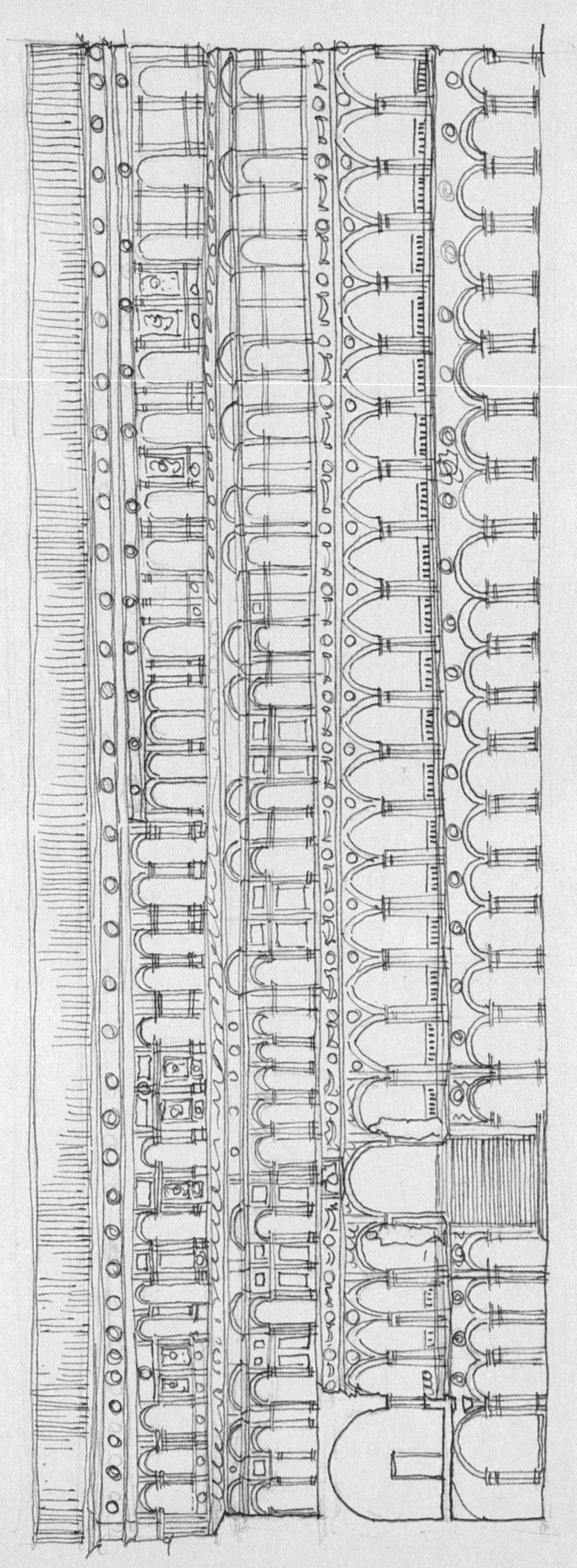

THE MAIN FACADE , COURT OF DOGES PALACE

SMALL FACADE
COURT OF DOGES PALACE, VEINE.

文德拉明·卡莱尔吉府邸，威尼斯

Palazzo Vendramini

（芒茨）

由彼得罗·隆巴尔多于1481年建造。

（辛普森）

这一时期的建筑很少有瑕疵。窗户三个为一组居于建筑中间，两边各自还有一扇窗户。每扇窗户均有两个采光孔，除了采光孔上方的圆形和每一个闭合的空门下方的孔是可以穿透的这个特点，窗户的其他设计与佛罗伦萨式窗户相似。在建筑上面两层的窗户之间有立柱，居于中心的窗户之间的立柱为单根，两侧尾部的立柱则是成对的，立柱上方是由过梁、装饰带和飞檐构成的檐部，中间没有间断。最顶端柱上楣构的飞檐并没有佛罗伦萨式宫殿的气势，但是建筑看起来既不显得不堪一击，也没有给下方的立柱很强的压迫感。第一层是附着着嵌板的壁柱。

比较　　立面的立柱和檐口恰到好处，属于文艺复兴全盛时期的典型建筑，但是，比起哥特式宫殿，装饰方面又有所不同。与佛罗伦萨式宫殿相比，完全缺少服务于军用的特点。

圣母神迹教堂，威尼斯

Santa Maria dei Miracoli

彼得罗·隆巴尔多

1481—（芒茨）

1481—1489—（格罗莫尔，Gromort）

1480—（安德森）

（芒茨）

威尼斯圣母神迹教堂立面包括一堵巨大的墙，这堵墙上有一扇门两扇窗，此外还有一个巨大的圆形窗以及另外三个较小的窗。威尼斯建筑物的一大特色便是对这些奇怪的圆形窗的偏爱，所有的这些非常不协调地拼凑在一起。建筑内部甚至更加古怪，从建筑中不难看出，他们正试图摆脱宗教传统的桎梏，没有十字形的设计，却有一个有着十字形翼部的教堂正厅，一个高高的圣坛，一个方形后殿和一个木结构的筒形拱顶。雕塑装饰掩盖了建筑中存在的不足之处。

（辛普森）

建筑属于文艺复兴早期。1481 年彼得罗·隆巴尔多在比稿中获胜，大理石薄片镶饰和图案对称的大理石花纹使建筑看起来非常美观。因此，受拜占庭和伦巴第传统的影响要大于新运动的影响。在圣坛上方覆盖的是用帆拱支撑升高的穹顶，外部上来看，屋顶的设计灵感源于圣马可大教堂。教堂中殿的圆形顶部和西部尽头的半圆形的山形墙对于意大利西部的人的审美来说是陌生的，他们习惯了尖尖的山形墙和有坡度的屋顶，但是后者对于威尼斯人来说则同样陌生。

（手绘图）

设计平面突破了传统，不再有侧堂。圣坛高高在上，有利于举行仪式，此处也是伦巴第风格。（维罗纳的圣杰诺教堂‹S.Zeno›有一个类似的圣坛。）覆盖的筒形拱顶和帆拱表现在建筑外部，立面非常强调水平感。开间的拱门宽度与相邻拱门宽度不同。圆形屋顶在哥特时期就已经被采用，如今内部沿袭了木制等高线。

圣撒迦利亚教堂，威尼斯

S. Zaccaria

由彼得罗·隆巴尔多设计建造（芒茨）

1457（格罗莫尔）

下页图为威尼斯圣撒迦利亚教堂立面图

S. ZACCARIA.
VENICE

-(CICOGNARA)-

（塞尔瓦蒂科）

尽管这座教堂看起来与圣马可学校很相像，但是泰马扎（Temanza）还是把这座教堂的设计建造归功于彼得罗·隆巴尔多。教堂始建于1456年，于1515年竣工。但是根据萨米诺（Samino）的日记，并非由彼得罗·隆巴尔多设计建造。这座教堂建于1466年间，那时隆巴尔多已经不在共和国任职，此外，教堂也并没有展现出隆巴尔多作品的风格。人们推测与芳达科大厦（Fondaco dei Tedeschi）出自同一位建筑师之手，或许是乔瓦尼·焦孔多修道士（Fra Giovanni Giocondo）。

（莫尔门蒂）

教堂建于1457年，1515年竣工。最近的文献记载立面是由安东尼奥·甘贝罗和毛罗·科杜奇设计建造。

（辛普森）

教堂正面立柱以单调、重复的方式层层叠加，是当时建筑一个非常典型的例子。此外，并不重视建筑比例则是威尼斯早期建筑的另一个特征。

（照片）

壁龛合乎透视关系，保留哥特式风格的扶壁，强调建筑的水平性，基座也属于哥特式风格。

这座教堂就是一座哥特式建筑。

科纳·斯皮内利府邸，威尼斯

Palazzo Corner Spinelli

由隆巴尔多设计（?）

（芒茨）

府邸有两个相同的双拱窗，二者长方形的窗框有所不同，居于门廊的中心。

（辛普森）

科纳·斯皮内利府邸与文德拉明·卡莱尔吉府邸（始建于1481年）建于同一时期，建筑设计风格相似，但是在规模上它要小于文德拉明·卡莱尔吉府邸，整体也更加简约。府邸仅有两扇中心窗，中间没有圆柱。楼面的底层包含有一楼和夹层，均为粗琢石面，颇具佛罗伦萨式的朴素风格。

（鲍姆）

于15世纪由毛罗·科杜奇设计。

下页图为威尼斯科纳·斯皮内利府邸立面图

PAL. CORÉR-SPINELLI

VENICE

-(ITALIA ARTISTICA)-

古索尼宫，威尼斯

Palazzo Gussoni

由彼得罗·隆巴尔多和他的两个儿子设计建造。

立面朴素、迷人，建筑的许多地方并不规则。底层非常奢华。

达里奥府邸，威尼斯

Palazzo Dario

具有隆巴尔多的设计风格。

外观具有典型的拜占庭风格，立面不规则，在建筑的一侧有成组的窗户，而另一侧则有鲜明的特色，采用很多圆形标志。

下页图为威尼斯达里奥府邸立面图

PALAZZO DAIRO

VENICE

-(PHOTO)-

旧行政长官官邸，威尼斯

Procuratie Vecchie

（芒茨）

1496 年，彼得罗·隆巴尔多主持一、二层的建造工作。巴尔托洛梅奥·博恩于 1510 年加盖了第三层。

在巴尔托洛梅奥·博恩的指引下，由古列尔莫·贝尔加马斯科负责建造老行政官的第三层。

（塞尔瓦蒂科）

从真蒂莱·贝利尼(Gentile Bellini)1496 年的画作中看，该建筑为两层高。文献记载巴尔托洛梅奥·博恩是在 1517 年主持建造工作的，这里所指的便是第三层的建造。下面的两层应该出自彼得罗·隆巴尔多之手，或是在巴尔托洛梅奥·博恩年轻的时候建造的。这座建筑把他与和他同名的建筑师区别开来，后者建造设计了宪章门。

文献中也提到了贝尔加马斯科，塞尔瓦蒂科似乎认为建筑上所有的雕塑均出自古列尔莫·贝尔加马斯科之手。

下页图为威尼斯旧行政长官官邸局部立面图

PROCURATIA VECCHIE

PARTIAL ELEVATION

（莫尔门蒂）

1497年至1517年，巴尔托洛梅奥·博恩和贝加莫的古列尔莫·贝尔加马斯科建造了老行政宫的立面。

（照片）

建筑非常强调水平的宽装饰带。采用伦巴第流派的双层窗。

时钟塔，威尼斯

Clock Tower

（莫尔门蒂）

来自意大利雷焦艾米利亚的吉安·保罗·雷尼尔(Gran Paolo Rainieri)和他的儿子吉安·卡洛·雷尼尔(Gian Carlo Rainieri)，于1493年受命建造一座大钟。他们已于1481年在雷焦艾米利亚建了一座。1496年，来自意大利贝加莫的毛罗·科杜奇为钟建造了一座塔。

（芒茨）

1496年，彼得罗·隆巴尔多。

下页图为威尼斯圣马可广场时钟塔立面图

THE CLOCK TOWER

VENICE

钟楼，威尼斯

The Campanile

（芒茨）

1510年，巴尔托洛梅奥·博恩(Bartolomeo Buon)建造了圣马可钟楼的顶部。

（莫尔门蒂）

1510年，巴尔托洛梅奥·博恩对钟室、阁楼和小尖塔进行了改造。1517年在其顶部加上了天使加百列的木质雕像，由铜板覆盖其上，作为风向标。1548年由桑索维诺进行修复。

第十五课:11月23日,1925年

<u>圣马可学校</u>　　(Scuola S. Marco),威尼斯

<u>圣洛可学校</u>　　(Scuola S. Rocco),威尼斯

它们是学校或者行业协会。圣马可学校是半圆形山形墙建筑的代表。建筑分为两部分,对二者的处理方式颇为不同。左侧部分将两个开间设计为带透视效果的拱形壁龛,右侧部分则将两个开间处理为带藻井天花板的壁龛。在每部分前往里看,都只能站在一个固定的点才会产生正确的透视效果。

圣洛可学校没有那么精美,更多的特点体现在建筑结构上,以画家丁托列托(Tintoretto)的壁画而著称。

<u>乔瓦尼·焦孔多修道士(Fra Giovanni Giocondo)</u>

<u>议会大厦</u>　　(Palazzo del Consiglio),维罗纳

威尼斯与米兰之间的很多小城镇同时受到了两个地方的影响。一些处于威尼斯的统治之下,而一些则受米兰的统治。因此

它们的建筑既受到米兰学派的影响，同样也受到了威尼斯学派的影响。维罗纳的议会大厦便是其中一个典型的例子，这座建筑的构造受到了两个学派的影响。它出自焦孔多之手，焦孔多是一位修道士，随后跟随拉斐尔在圣彼得大教堂工作。

这是一个具有双层特征的典型建筑，议会大厦的第一层由壁柱隔开，每一个开间被分成4个小单元。没有将柱子放在轴线上，这一点在当时几乎是在无视规则。第二层的柱式和窗户的上方覆盖着半圆形的山形墙，窗户由两扇拱形窗门组成。在维罗纳，人们喜欢这种类型的窗户，这种设计来自古罗马遗迹。

p160，威尼斯圣马可学校立面图

p162，威尼斯圣洛可学校立面图

p163，维罗纳议会大厦立面图

SCUOLA DI S. MARCO.

VENICE

-(CICOGNARA)-

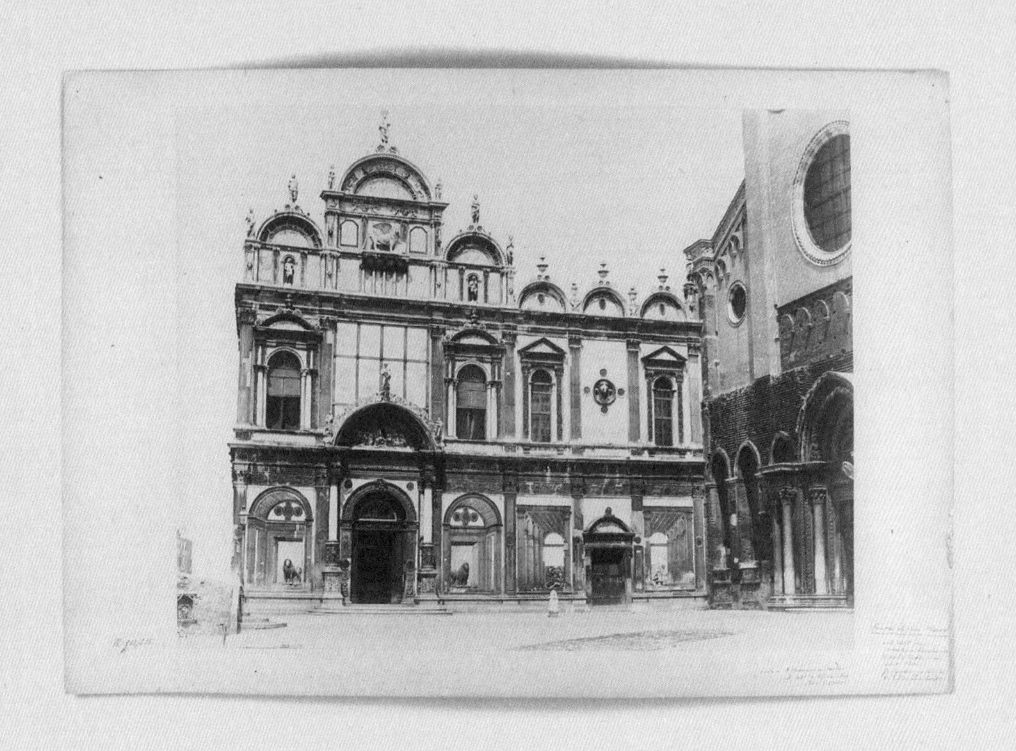

圣马可学校，摄影师：Carlo Naya，摄影时间：1871，汉堡工艺美术馆

SQUOLA S. ROCCO

VENICE.

PALAZZO DEL CONSIGLIO
VERONA.
—(REYMOND)—

布雷西亚(Brescia)有三处遗迹。

共济会大厦 (Palazzo della Loggia),布雷西亚

共济会大厦又名La Logia。这座建筑的底层属于这个时代,上层是以后修建的。建筑采用罗马式拱廊,这是在意大利北方首次使用这种拱廊。

注:梁先生手绘图上的Palazzo Communale,经核应为共济会大厦。

典当行 (Monte di Pieta),布雷西亚

奇迹圣母教堂 (Santa Maria dei Miracoli),布雷西亚

建筑仅有下层的立面,上层为后来建造。非常华丽。建筑许多地方具有非常显著的伦巴第流派的特点,使用烛台来装饰壁柱,比例精确。建筑采用像圣撒迦利亚教堂的半圆形山形墙。

pl65,布雷西亚共济会大厦立面图
pl67,布雷西亚典当行立面图
pl68,布雷西亚奇迹圣母教堂透视图

PALAZZO COMMULE

BRESCIA .

共济会大厦（布雷西亚市政厅），摄影师：Giacomo Rossetti，摄影时间：1870，荷兰国立博物馆

MONTE DI PIETA,

BRESCIA.

S.M. DEI MIRACOLI

BRESCIA.

博洛尼亚(Bologna)

饮泉宫 (Palazzo Bevilacqua),博洛尼亚

建筑外部采用粗凿的方法,有柱础,顶端有沉重的檐口。这里他们使用了一块劣质的石头,如今许多地方均破裂。庭院非常有趣,一层和二层是佛罗伦萨风格的拱廊。中庭二楼的开间是楼下开间面积的一半,较大的比例差异使第二层看起来非常轻盈。

法瓦大殿 (Palazzo Fava Ghisilieri),博洛尼亚

这是博洛尼亚另一处代表性建筑,具有大型的托架。柱廊是博洛尼亚街道上的一大特点,上层由人行道旁的拱廊支撑。

pl70,博洛尼亚饮泉宫立面图
pl71,博洛尼亚饮泉宫庭院立面图
pl72,博洛尼亚法瓦大殿立面图
pl73,博洛尼亚法瓦大殿透视图

PALAZZO BEVILACQUA

BOLOGNA.

PALAZZO BEVILACQUA BOLOGNA
COURT

-(PHOTO)-

PALAZZO FAVA.

BOLOGNA.

–(PHOTO & M.Dr. BY KILHAM) –

PALAZZO FAVA.
BOLOGNA.

文艺复兴全盛时期

罗马学派

布拉曼特(Donato Bramante), 1444—1514

1485　　枢密院大厦(Palazzo Cancelleria),罗马

1502　　坦比哀多礼拜堂(Tempietto in S.Pietro in Montorio),罗马

1503　　梵蒂冈观景楼庭院(Great Court of Vatican),罗马

1506　　圣彼得大教堂(S. Peter's),罗马

拉斐尔(Raphael Santi), 1483—1520

1514　　圣彼得大教堂(S. Peter's),罗马

1516　　玛达玛别墅(the Villa Madama),罗马

1520　　潘道尼府邸(Palazzo Pandolfini),佛罗伦萨

巴尔达萨雷·佩鲁齐(Baldassare Peruzzi), 1481-1536

1506　　法尔内西纳别墅(the Villa Farnesina),罗马

1520—1527　　圣彼得大教堂(S. Peter's),罗马

1532—1536　　圣彼得大教堂(S. Peter's),罗马

1532　　马西莫圆柱府邸(Palazzo Massimi alle Colonne),罗马

1527　　波利尼宫(Palazzo Pollini),锡耶纳

1521　　阿尔贝加蒂宫(Palazzo Albergati),博洛尼亚

小安东尼奥·达·桑迦洛(Antonio da Sangallo the Younger),1484—1546

1517　　法尔内塞府邸(Palazzo Farnese),罗马

米开朗琪罗(Michelangelo Buonarroti),1475—1564

1519　　圣洛伦索教堂新圣器室(New Sacristy),佛罗伦萨

1524　　劳仑齐阿纳图书馆(Laurentian Library),佛罗伦萨

1538　　坎皮多里奥宫殿建筑群的设计(坎皮多里奥山,Capitoline),罗马

1546　　圣彼得大教堂(S. Peter's),罗马

威尼斯学派

米凯莱·桑米凯利(Michele Sanmicheli), 1484—1559

1527 贝维拉夸府邸(Palazzo Bevilacqua),维罗纳

1550 庞贝宫(Palazzo Pompei),维罗纳

1545 帕利奥门(Porta Palio),维罗纳

1527 圣伯尔纳教堂(San Bernardino) 的佩莱格里尼礼拜堂 (Cappella Pel legrini),维罗纳

1556 格里马尼府邸(Palazzo Grimani),威尼斯

雅各布·桑索维诺(Jacopo Sansovino), 1486—1570

1545 科尔纳罗府邸(Palazzo Cornaro),威尼斯

1536 造币厂(the Zecca),威尼斯

1537 圣马可图书馆(the Library of S.Mark's),威尼斯

1537 钟楼平台(the Loggetta),威尼斯

佛罗伦萨学派

老安东尼奥·达·桑迦洛(Antonio Da Sangallo the Elder),
1455-1534

1518　圣布莱斯圣母教堂(the Madonna di San Biagio)的圣母像,蒙特普尔恰诺(Montepulciano)

1508　抚慰圣母教堂(Santa Maria della Consolazione),托迪(Todi)

朱利亚诺·达·桑迦洛(Giuliano da Sangallo), 1443—1516

1490　贡迪府邸(Palazzo Gondi),佛罗伦萨

拉斐尔(Raphael Santi), 1483—1520

1520　潘道尼府邸(Palazzo Pandolfini),佛罗伦萨

圣马可学校，威尼斯

Scuola S. Marco

建筑师为彼得罗·隆巴尔多

始建于1488年

（芒莢）

阿道夫·朗斯提道："建筑的结构是砖石结构的，装饰则用了大理石。换句话说，最终呈现的建筑仅仅是一层'躯壳'，建筑本身的'灵魂'已经消亡。有些人认为，对于彼得罗而言，立面的设计建造仅仅像画家在帆布上作画一般。创作较为随性。"

但是，立面用透视法雕刻的石狮、假拱廊以及藻井（这让我们想起米兰圣萨蒂罗教堂的半圆形壁龛）则显得非同寻常。

（辛普森）

由彼得罗和他的儿子莫罗设计建造。第一层的两扇窗户非常像博尔萨里大门中心的窗户。如果1488年这个建造年份没有错的话，这是首度在侧面壁柱上方横梁和山形墙上设立窗户的建筑。建筑上方半圆形的山墙让人想起圣马可教堂。

（照片）

建筑仍旧是强调建筑水平性，基座属于哥特式风格。山墙饰内三角面让人想起（哥特式建筑中的）卷叶式凸雕。在蔓藤花纹中，他们经常用网状替代烛台装饰的细长轴。

如今这座建筑被用作市政医院。

<u>圣洛可学校，威尼斯</u>

<u>Scuola S. Rocco</u>

（莫尔门蒂）

1517年，由巴尔托洛梅奥·博恩设计，米兰人安东尼奥·阿邦迪(Antonio Abbondi)和隆巴尔多将其完工。安东尼奥·阿邦迪又名斯卡尔帕格尼诺(Scarpagnino)。

（芒茨）

1517年，巴尔托洛梅奥·博恩完成了圣洛可学校平面图的设计。

（辛普森）

无论是圣洛可学校，还是圣马可学校，尽管两座建筑的细节都处理得非常好，但是同样也非常明显地暴露出威尼斯早期艺术的不足之处。

圣洛可学校是彼得罗·隆巴尔多晚期作品中的一件。1521年在其去世之后，他的外孙接手了这项工作。它被视为建筑协会的"大师们"的最后一件作品。他们更多的是迫于环境压力，并不赞成也不理解建筑的风格。

（照片）

镶边的圆柱很像总督府里的圆柱。

有五个开间，其中两个开间朝门廊敞开，看起来并非很有节奏感。

建筑的内部，八角形的角柱坐落在八角形的基座之上。

墙壁上是以布面油画来装饰的。

斯特拉察罗里宫，博洛尼亚

Palazzo Dell'arte Degli Strazzaroli

（芒茨）

弗朗西亚

1496 年

该宫殿的建造忽视了建筑结构，虽然整个建筑非常重视装饰，但是仍旧弥补不了其在建筑结构上的缺失。

（照片）

四层楼高的建筑由两层叠加的柱式支撑。在下方的一层，立柱之间的空间是隐形的拱廊。这座建筑设有两处开放的出口：一处是街面层上拱起的门廊，另一处则是第二层小广场面向窗户的地方。

像阳台一样的神龛细节处理得非常精美。

弗朗西亚是一名出色的画家。

顶层上方是造型奇特的防卫墙，转角处更为突出。

p182，博洛尼亚斯特拉察罗里宫立面图

p183，博洛尼亚圣体教堂门廊立面图

PALAZO DELL' ARTE DEGLI
STRAZZAROLI

BOLOGNA.

COPUS DOMINI BOLOGNA

DOORWAY.

圣体教堂，博洛尼亚

Corpus Domini

（鲍姆）

该教堂由佛罗伦萨的尼科洛·马尔基翁尼(Niccolo Marchionni)和多扎的弗朗切斯科·福西(Francesco Fossi)设计建造。

1478—1481

门廊归功于尼科洛·斯佩兰迪奥，丰富的装潢是博洛尼亚色调图像艺术的一种最美的展现方式。

共济会大厦，布雷西亚

Palazzo della loggia

（鲍姆）

始建于1492年，由维琴察的建筑师托马索·弗曼托内(Tomasso Formentone)负责建造。1492年至1508年，弗曼托内和菲利浦·格拉希(Fillipo Grassi)完成了第一层的设计建造；1549年至1560年，来自罗多维科·巴雷塔(Lodovico Baretta)的雅各布·桑索维诺根据设计图建造了这座建筑的顶层。1562年，帕拉第奥完成了窗户的设计建造。1775年，路易吉·万维泰利(Luigi Vanvitelli)接手阁楼的设计建造工作。

从外观看，一层的半敞开式大厅借鉴了罗马圆形露天竞技场的立面中的罗马拱，方柱上升起的拱与科林斯柱式相得益彰。拱的比例矮胖，拱肩里的圆形壁龛上是罗马帝王的半身雕塑像。

（照片）

在上层，窗户排列整齐，由柱式作为窗框。这三扇窗户被装饰有烛台的科林斯式立柱隔开，立柱和窗户间的空间是方形外框内接圆形的雕刻图案。

底层挑檐的装饰带上刻有一排狮子头像。上部的矮栏杆构成了上层的窗台，末端是一种类似于壁柱的扶壁。圆柱围合成一个中空的空间，如今在围起来的圆柱上方加盖了弧顶。

（古米尔）

从平面上看，是一个十二边穹棱拱顶。

拱基自身承重。

下层建筑颇具罗马风格，中间的四根科林斯式立柱顶端上设有雕花装饰。

典当行，布雷西亚

Monte di Pieta

（照片）

拱门横跨该建筑的走廊，立柱居中，上层是拥有七个开间的拱廊，束带层饰以镶板。该建筑并未刻意保持上层开间的中心与下层大开间的中心在一条线上，在许多地方均不规则。托架上方是装饰带。整个图案由基座上巨大的科林斯式立柱构成。

（古米尔）

在建筑设计中缺乏技巧未必是败笔，一件迷人的事物可以打破几乎所有的规则。小阳台具有典型的拜占庭风格。在第二层小型拱廊上方是造型颇为奇特的壁龛。

奇迹圣母教堂，布雷西亚

Santa Marie dei Miracoli

（芒茨）

该教堂始建于1487年，由雅各布负责建造。随后在1521年至1523

年间，根据吉罗拉莫(Girolamo Sampellegrivo)、斯特凡尼(Stefanni)，应该还有斯特凡诺·兰贝特(Stefano Lamberte)的平面图对教堂进行了翻修。直到1612年，才有了希腊十字形的雏形。教堂的屋顶由半圆拱和圆屋顶组成。这座教堂以其立面而闻名，立面上布满浮雕，奢华、精美，仅有帕维亚修道院能与之相媲美。

雕塑由吉安·加斯帕雷·佩多尼(Gian Gaspare Pedoni)完成。

(鲍姆)

该教堂于1488年至1508年间由维罗纳的乔瓦尼·焦孔多建造，17世纪初叶竣工。建筑中的雕塑则出自吉安·加斯帕雷·佩多尼和斯特凡诺·兰贝特之手。

议会大厦，维罗纳

Palazzo del Consiglio

(芒茨)

维罗纳议会大厦的底层包含有8个开放的拱门，第一层有四扇双窗，在窗户的上方是半圆形的山墙。建筑的中心被两个叠加的壁柱占据，壁柱上方残破的山形墙居于两侧，这种山形墙在16世纪后半叶的建筑中十分常见。卡图卢斯(Catullus)、卡涅利乌斯·尼波斯(Cornelius Nepos)、埃米利乌斯(Aemilius)、维特鲁威(Vitruvius)和老普林尼(Pliny)这五位杰出人物的雕像矗立在檐部之上，装饰着基座。这些雕塑出自阿尔贝托(Alberto)之手。这座建筑最吸引人之处在其多姿多彩的装潢上面，将圆形浮雕、网状物、半人半鸟的女海妖塞壬和半狮半鹫的怪兽格里芬建筑装饰结合在一起，如今我们又以高超的技艺将其修复。

饮泉宫，博洛尼亚

Palazzo Bevilacqua

(芒茨)

始建于1481年。

建筑的立面上附着着由众多小面构成的粗琢石面，看起来并不那么美观，反而有些奇怪，然而，庭院则显得高贵典雅。上下两层的拱廊整齐排列，上层的两扇拱门与下层的一扇拱门一一对应。装饰带华美，檐口别具匠心。细节处理得非常精致，但并不像弗朗切斯科·弗朗西亚(Francesco Francia)作品的风格。

人们认为这件作品是由加斯帕尔·纳尔迪(Gaspare Nardi)设计建造的，但是，最近的研究表明他仅仅是一位石匠。

（辛普森）

第二层的窗户看起来很像佛罗伦萨风格的，但是却缺少佛罗伦萨建筑的感觉。庭院第二层的隔间数量是第一层的两倍。

（古米尔）

在博洛尼亚，有一件非常不好的事情是采用劣质的石块雕琢建筑精美的细部。多面的小石块并不十分显好，反而是杂色、多变的。建筑的窗户比例精致，注重细节。建筑的尽头是威尼斯风格的壁柱。

法瓦大殿，博洛尼亚

Palazzo Fava Ghisilieri

（鲍姆）

始建于1483年。

由朱利奥·蒙塔纳里（Gibio Montanari）设计建造。

该大殿为两层高的砖石建筑，第一层是拱廊，二层的圆头形双窗居中，下方是拱门，在它们中间留下一大堵墙的空间。在檐部的装饰带上，设有小型的夹层窗。庭院的两层采用同样的设计方式，这一点与饮泉宫一样。位于庭院一侧的露台由大型装饰型立柱支撑。

（照片和手绘图）

第一层的外部有六个低矮的拱门，由  立柱支撑着。

庭院中，二层拱门的数量则是一层的两倍。

迪亚曼蒂府邸，费拉拉

Palazzo dei Diamanti

（芒茨）

建筑立面由（超过 12,000 块）被切割成小块的多面石块组合而成，建筑也由此得名。建筑始建于 1492 年，建筑师是西吉斯蒙多·艾斯特(Sigismondo d'Este)，于 1567 年竣工。

（鲍姆）

1492 年至 1493 年，比亚焦·罗塞蒂(Biagio Rossetti)参与府邸的设计建造。据推测，转角处的壁柱很可能出自埃尔科莱·格兰迪(Ercole Grandi)之手。檐口部分则于 1567 年竣工。尽管从窗户的比例看，要比博洛尼亚饮泉宫优化，但立面的设计建造还是沿袭了饮泉宫的建筑风格。建筑上层长方形的窗户显得格外尊贵，这与转角处装饰奢华的壁柱形成鲜明的对比。壁柱因其奢华的装饰，让人们几乎察觉不到它们的承重能力。

（照片）

第二层的窗户上方是三角形的山形墙，第一层的檐口则非常普通。正立面有七个隔间，首层中心则是拱形的入口，由装潢华美的科林斯式壁柱作为其外框。在建筑的转角处是一个露台。整个建筑均为粗琢石面，建筑的命名也与此有关。装饰带处有七个牛眼窗。

拥有高大展开的基座。

（古米尔）

入口处更像中世纪风格建筑，壁龛则采用罗曼式建筑风格。

下页图为费拉拉迪亚曼蒂府邸立面图

PALAZZO DIAMANTI
FERRARA.

罗韦雷拉府邸，费拉拉

Palazzo Roverella

（芒茨）

罗韦雷拉府邸与迪亚曼蒂府邸属于同一时期建筑，是赤陶土建筑中最精美的范例中的一例，但是窗户间不对称的间隔则备受争议。

（鲍姆）

建筑始建于1508年，隔间的窗户则建于18世纪。两层楼高的立面。檐部的装饰带上以阿拉伯式花纹装饰，雕刻精美、活灵活现。檐部由壁柱支撑，装饰的立柱和没有装饰的立柱交替排列。

（照片）

第一层的窗户呈长方形，三角形山形墙的框拱位于第二层，与中心的壁柱相对称，成组的壁柱按自由的节律排列。

装饰带上的半身雕像位于壁柱之上。

拥有高大展开的基座。

采用泛红的赤陶土建材。

下页图为费拉拉罗韦雷拉府邸立面图

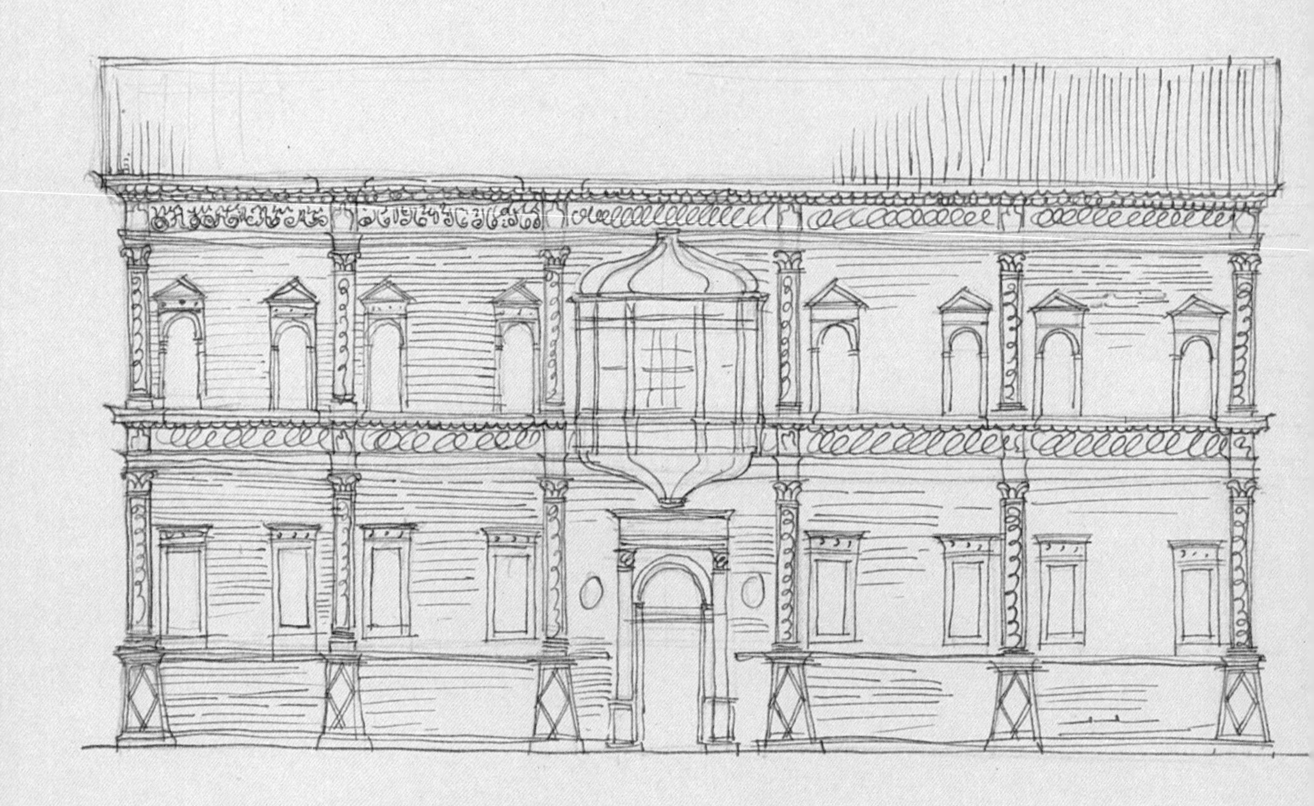

PALAZZO ROVERELLA

FERRARA

–(PALAST - ARCHITEKTUR)–

圣本尼狄克教堂，费拉拉

S. Benedetto

注：在《弗莱彻建筑史》中记载，建筑师为比亚焦·罗塞蒂。

于1500年由特里斯塔尼（Tristani）建造。

简朴的立面，转角处使用了卷形花纹。

在内部，筒形拱顶和帆拱交替。

穹窿坐落于两扇拱门之上。

科斯塔比利宫，费拉拉

Palazzo Costabili

（鲍姆）

卢多维科·伊尔·莫罗（Ludovico il Moro）的住所。

1502年由意大利建筑师比亚焦·罗塞蒂设计建造。

庭院的第一层是由圆柱支撑的巨大的连拱廊。在它之上，是高高的护栏，拱门数量是下部的两倍。再往上是柱顶部，柱顶部上方是夹楼，夹楼的上方则是顶端的檐口。

（照片）

第二层的立柱与护栏上的壁柱相接，在一条直线上。一根与下方拱廊的立柱相接，另一根则由拱门的拱顶石支撑，夹楼有窗户，墙体由砖石堆砌，墙面上留下无数小孔。

传福音者圣约翰学校，威尼斯

S.Gio.Evangelista

1481年—（芒茨）

创作者不详

这是一处艺术家的行业协会，如今该建筑仍旧供协会使用。楼梯非常精致，向两个方向延展。

庭院内有围屏，还有一尊圣约翰的鹰。

莫尔门蒂说它出自彼得罗·隆巴尔多之手（第一个庭院）。

PALAZZ CASTABILI

FERRARA.

科斯塔比利宫，摄影师：Berit Wallenberg，摄影时间：1932 年，瑞典国家遗产委员会

S. Gio. Evangelista.

Venice.

圣乔贝尔教堂，费拉拉

S.Giobbe

（塞尔瓦蒂科）

由多杰·克里斯托福罗·莫罗(Doge Cristoforo Moro)于1462年至1471年间建造。

门廊附着着网状的护墙板，细节非常漂亮。

第十六课:11 月24 日, 1925 年

文艺复兴全盛时期

<u>风格更加一致</u>　　在这一时期,各流派没有被特意地区分,风格更加一致。中心在罗马,教皇的权力更大。从政治因素考量,教堂变得更加重要。罗马显示出首府的地位,吸引了大批贵族纷至沓来。教皇尤里乌斯二世(Julius II, 1503—1513)在罗马是一位非常有影响力的人物。他富有野心,支持文艺复兴运动。利奥十世(Leo X)在 1513 年至 1521 年担任教皇的职位,为推动文艺复兴运动作出了很大的努力。

1494 年,法兰西在查理六世的带领下,首次入侵意大利,宣布自己为那不勒斯(Naples)国王,一路侵袭意大利,推进了法国的文艺复兴运动。

<u>主要的分支</u>　　那不勒斯、城邦教堂、托斯卡纳、伦巴第和威尼斯,它们各自并非强大到可以独立,但是又对统一一事比较排斥。在弗兰西斯四世和查理五世在位期间,意大利陷入战

争。在这些战争中，一个接着一个的城邦相继成立。直到1529年，罗马遭到洗劫之后，罗马帝国查理五世与法国国王弗朗索瓦签署了和平条约，宣布和平。尽管罗马伤亡惨重，整个城市危在旦夕，所有工作停止运转，但是比起其他城市还是好很多。威尼斯被孤立。这两座城市也因此在这一时期出现大规模建筑，其主要精力放在军事建筑方面。此时，米凯莱·桑米凯利在这方面展现了他的影响力。

罗马作为中心

罗马是政治经济中心。教皇、红衣主教、贵族均试图吸纳大批的人才。莱奥是佛罗伦萨人，他试图将托斯卡纳建筑风格移入罗马。罗马真正的领导者为尤里乌斯二世，他应时代而生，亲自联系艺术家进行建造建筑，并指导和监督施工。

建筑的特点

此时建筑的特色表现在更具立体感，规划设计更加大胆，立面更加有型。在第一时期，他们使用平行四边形来勾勒线条。如今的问题是如何综合考虑不同地方的高度与宽度。比如，圣彼得大教堂。

画家们的教育背景

画家们着手研究透视的绘画方法，他们或许需要把建筑当成一系列平面图。建筑师不同于当初那些跟随金匠做学徒，并且在画家的工作室接受启蒙教育的一些画家。布拉曼特和拉斐尔便是其中两位杰出的代表。

不过于依赖装饰　　建筑并非十分依赖装饰，而是更加专注于建筑本身的功用。对罗马建筑的深入研究很有可能导致建筑丧失精美细腻的风格。研究古老废墟的工作还在继续，但是绝没有尝试重塑罗马式建筑。

未完工建筑的延续　　在早期，许多作品在还原哥特式建筑，这对于建筑师而言是不利的。在这一时期，不得不去完成那些早先未完成建筑的建造。

建筑师的名望　　因为大众对建筑的兴趣，也因为富有才华的设计师们开始从事建筑设计，建筑师的地位与信誉得以建立。

中世纪的遗产　　罗曼式、拜占庭式、哥特式，这些中世纪的遗产并没有丢掉，阳台和采光亭均为小尖顶，甚至佛罗伦萨的拱廊都源自中世纪。从研究中看，绘图运用得并不充分。他们还使用木制模型，其中一些是建筑师的作品。米开朗琪罗在研究如何用黏土建造房屋。

特点　采用柱式的叠加，沿用罗马圆形大剧场的传统风格，下方更加稳固，上方轻便。科林斯柱式在文艺复兴早期广受喜爱，然而在这一时期却很少采用，反而更多地采用多利克柱式和爱奥尼柱式。从简洁方面考虑，柱身上的烛台状装饰渐渐消失。从比例方面考虑，以维特鲁威的著作为准。色彩仍旧是用不同的材质来表现。一些墙上绘制着主题人物的壁画，而后这种方式应用于各类建筑及其细节。另一种方法是五彩拉毛装饰，这种方法需要用灰浆涂抹两种颜色。首先涂抹一层浅浅的涂层，而后覆上一层深色的涂层，在深色的涂层没有完全干透的时候，将它刮掉，露出白色的涂层。这种方法非常持久耐用，一些最初的颜色如今仍旧存在。

布拉曼特　布拉曼特生于乌尔比诺以东附近的一座小镇，拉斐尔也诞生于此。他在米兰留下了许多绘画、壁画和雕塑。根据一些传记作家的记载，他既不会写也不能说，但是他的聪明才智足以掩饰这些。没有文字记载显示他是否到过托斯卡纳，但是一些他的早期的作品可以推测出他曾经到过那里。

布拉曼特在1472年至1474年在米兰时，创作了一些作品，这也是我们所研究的布拉曼特的早期作品。1497年，他长久定居于罗马。罗马对他影响很大，他摒弃了很多伦巴第独特的风格，采取更加庄严、克制的设计风格。

第十七课:11 月30 日, 1925 年

布拉曼特　　在到了罗马之后,布拉曼特设计风格有所改变,源自教皇的宫廷,更具教会气息,也有材质方面的原因,这里更多的是采用石头来建造建筑。

枢密院大厦　　(Palazzo Cancelleria),罗马

这座宫殿是为红衣主教里亚里奥设计,是一个常规的平面图,包含宫廷庭院和教堂两部分,好似一个庭院附上屋顶就是一座教堂。外部设计图没有任何关于教堂内部的描述。教堂两侧立面的尽头是稍作设计的凉亭,这在早期非常重要。下层是地窖,采用粗凿式的施工,这是用一种现代的手段解决问题。上面两层是带有基座的壁柱,有一定的间距。两个相邻的壁柱形成一个小型的开间,两个间距较远的壁柱形成一个宽敞的开间。窗户的设计在北方较为常见。半圆拱立于方门之上,采取这样的方式要归功于布拉曼特。庭院采用的是连拱廊设计,每一个拐角处都有一个柱墩,从建筑结构上看,并没有这个必要,但是看起来非常的美观。内部的柱子采用复古的古希腊、古罗马艺术风格,但是没有柱顶,

p207,罗马枢密院大厦平面图　　p208,罗马枢密院大厦立面图
p209,罗马枢密院大厦庭院剖面图

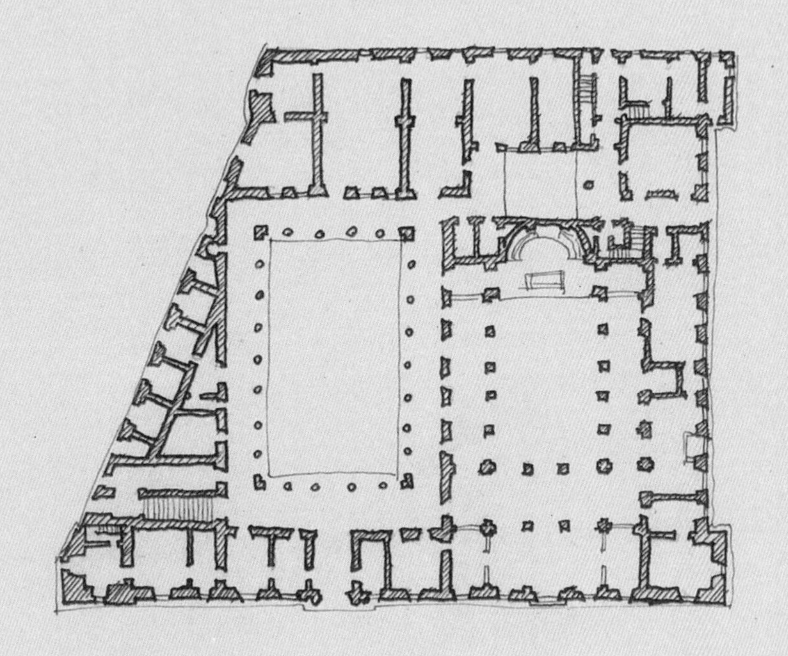

PALAZZO CANCELLERIA.

-(LETAROUILLY)-

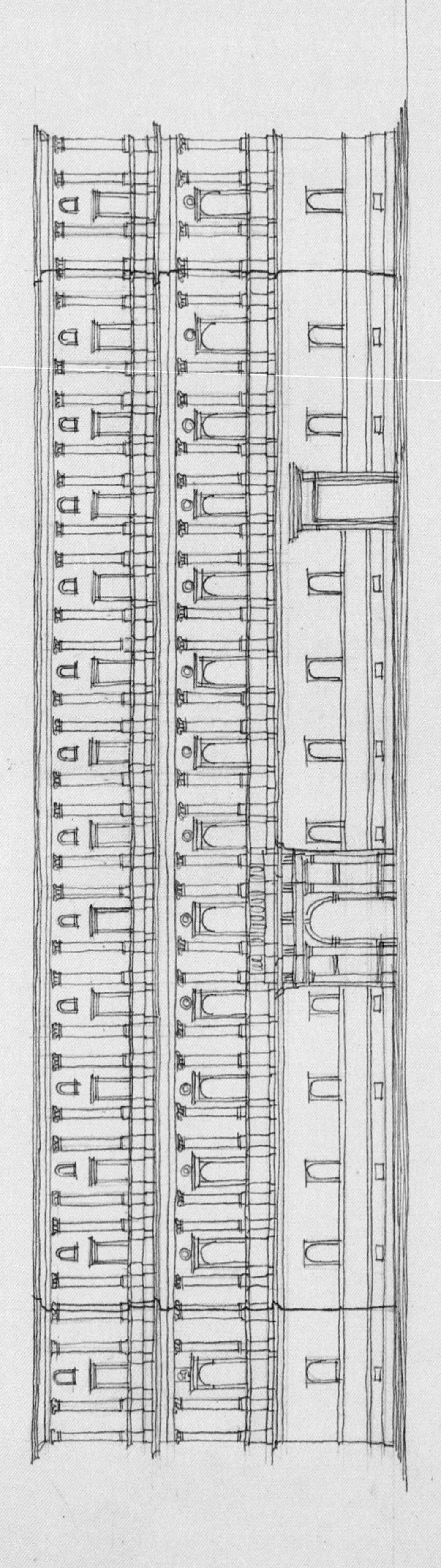

PALAZZO CANCELLERIA ROME

-(LETAROUILLY)-

PALAZZO CANCELLERIA ROME

COURT

—(LETAROUILLY) —

采用塔司干圆柱，延长了一些。上层采用壁柱，最上方的支架带有装饰带。

关于究竟谁是这座建筑的设计师，一直存在很大的争议。因为它的建造时间比布拉曼特来到罗马的时间可能还要早。盖米勒对布拉曼特作过深入的研究，他从一封米兰人写给罗马建筑师的信中，可以推测出枢密院大厦是布拉曼特设计的。

吉罗宫 (Palazzo Giraud)，罗马

建造设计亦出自布拉曼特之手，与枢密院大厦非常相似。令人难以置信的是像布拉曼特这样才华卓越的建筑师居然也会复制自己的作品。

蒙托里奥的圣彼得教堂隐修院小神殿 (Tempietto at San Pietro in Montorio)，罗马

注：此建筑又名坦比哀多礼拜堂。

在布拉曼特设计的一座建筑物中，他似乎希望从考古学的角度入手，但是很不成功。这是一座圆形的建筑，用来纪念传说中的圣彼得的殉难地。它与罗马维斯太神庙(Roman temple of Vesta)的平面图很相似，四周由柱廊包围，穹顶上方呈鼓状，高一些的穹顶顶端附有采光亭。仅仅这一特征就让这座小教堂区别于罗马的其他教堂。建筑采用多立克柱式，穹顶底部由栏杆环绕。

此外，他还设计了一座圆形的修道院，但是没有动工建造。

吉罗-托洛尼亚宫 (Giro-toladia)，罗马

建筑与枢密院大厦的立面相似。整体并非十分合乎比例。尽管一些评论家认为工程在执行方面更好。

和平圣母教堂 (S.Maria della Pace)，罗马

和平圣母教堂的第一层是由基座和壁柱构成的罗马拱廊，第二层廊柱分隔出的开间数是第一层的两倍，将其称为柱廊不是特别确切。提出改进的原因是布拉曼特从北方设计中汲取了灵感。在下一层的轴线上方使用圆柱，在下层的角柱上方再添加一层的角柱，带来了强调与弱化的效果，采用了对比的手法。

p212，罗马坦比哀多礼拜堂平面图、立面图、剖面图

p213，罗马和平圣母教堂回廊院平面图

p214，罗马和平圣母教堂回廊院剖面图

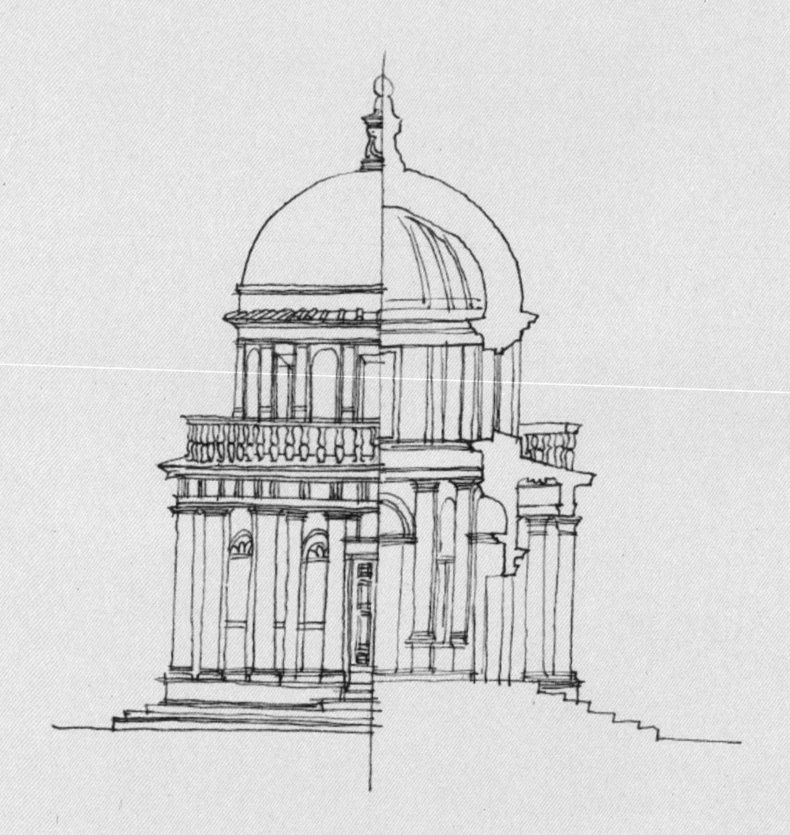

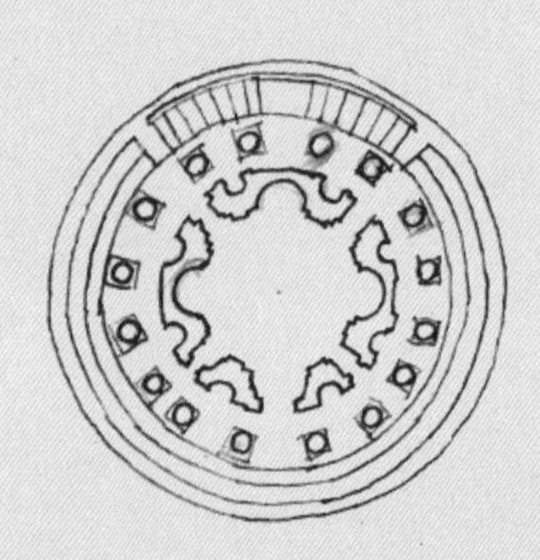

IL TEMPIETTO ROME

- (GROMORT) -

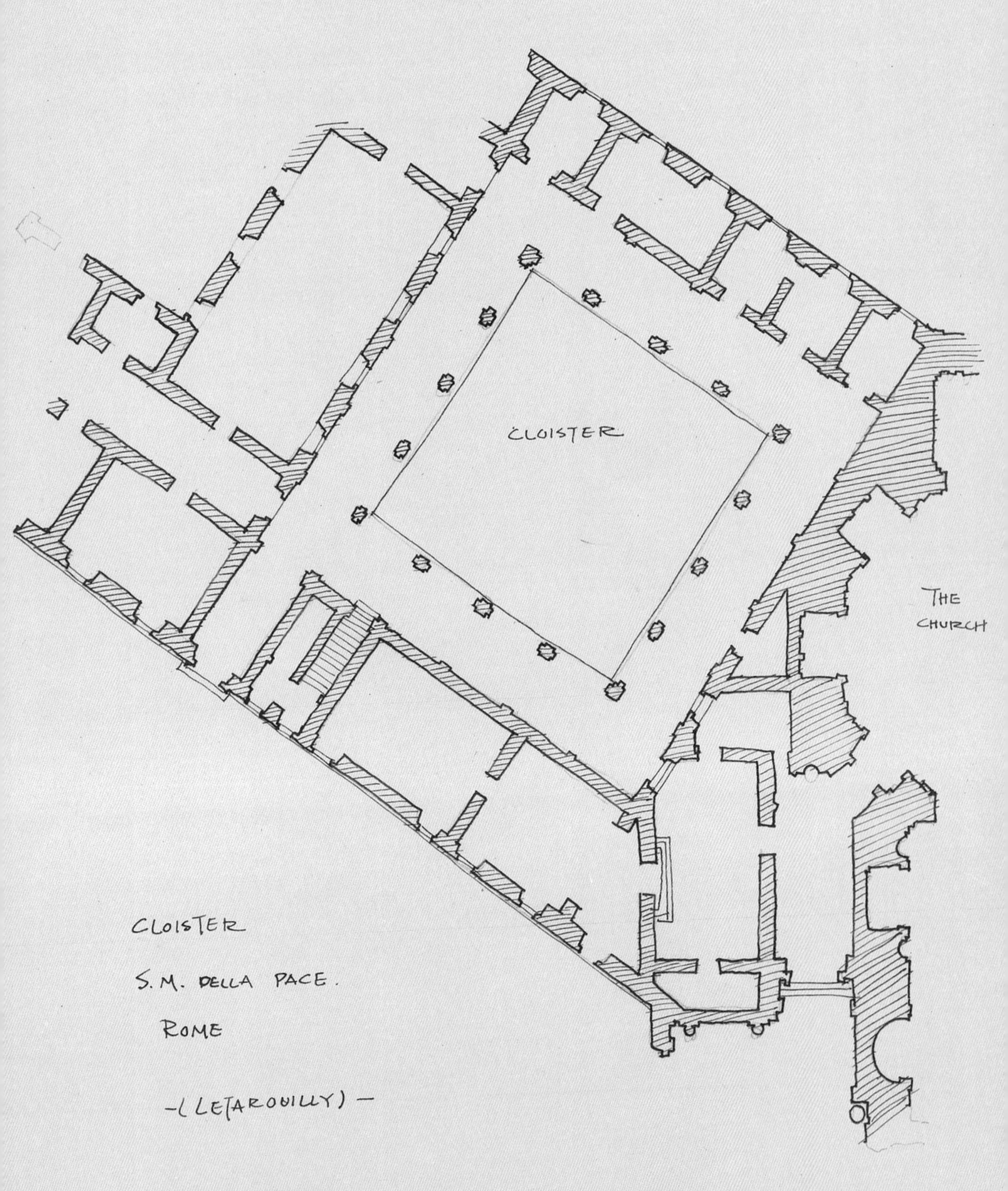

CLOISTER

S. M. DELLA PACE.

ROME

—(LETAROUILLY) —

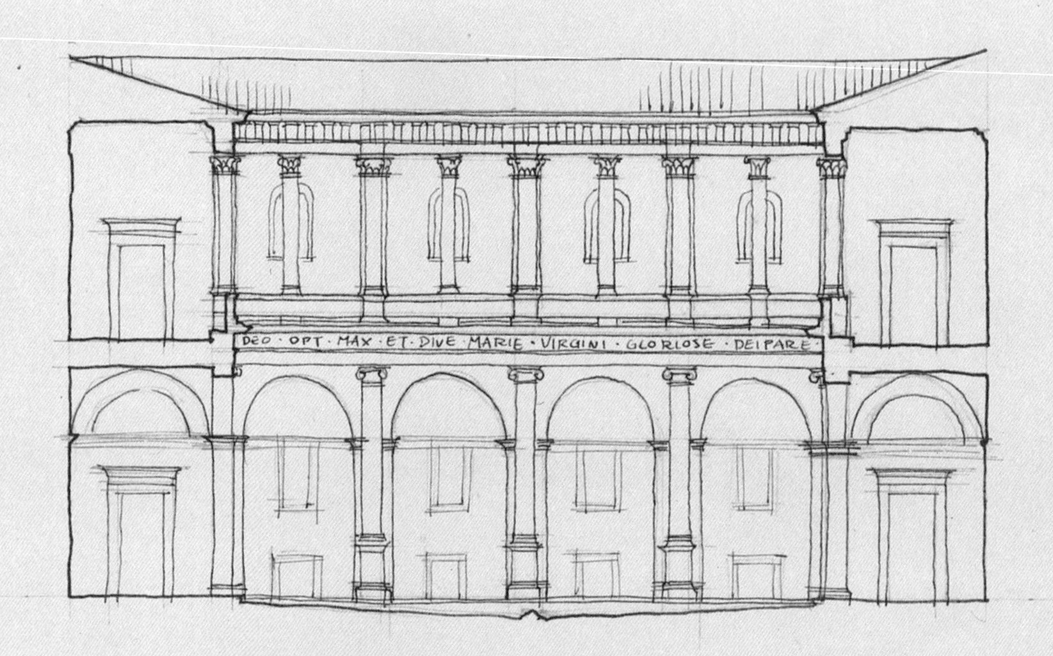

CLOISTER

S.M. DELLA PACE.

ROME

-(LETAROUILLY)-

梵蒂冈观景楼庭院 (Cortile del Belvedere),罗马

这些建筑使布拉曼特一举成名。教皇尤里乌斯二世请他到梵蒂冈工作,建造连接梵蒂冈和教皇英诺森八世别墅的柱廊。正是这些柱廊构成了超过1000英尺(约304.8米)长的围墙。别墅在高处,梵蒂冈地势较低,布拉曼特使用砖石修葺的楼梯将其连接起来。在庭院尽头是一处巨大的壁龛。这些柱廊开始动工了,但是布拉曼特死于这些建筑竣工前。由于教皇的草率,建造时偷工减料,后来不得不推翻重建。柱廊灵感来自马切罗剧场(Theatre of Marcellus)的柱式。

p216,罗马梵蒂冈观景楼庭院平面图
p217,罗马梵蒂冈观景楼庭院立面图

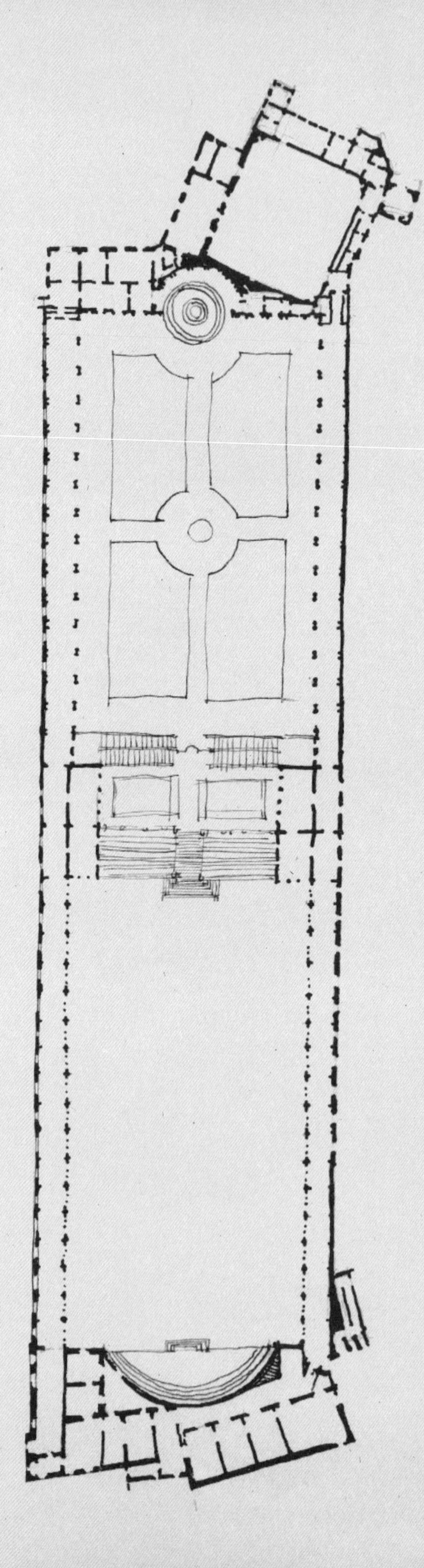

VATICAN & COURT OF BELVEDERE
AFTER BRAMANTE
-(LETAROUILLY)-

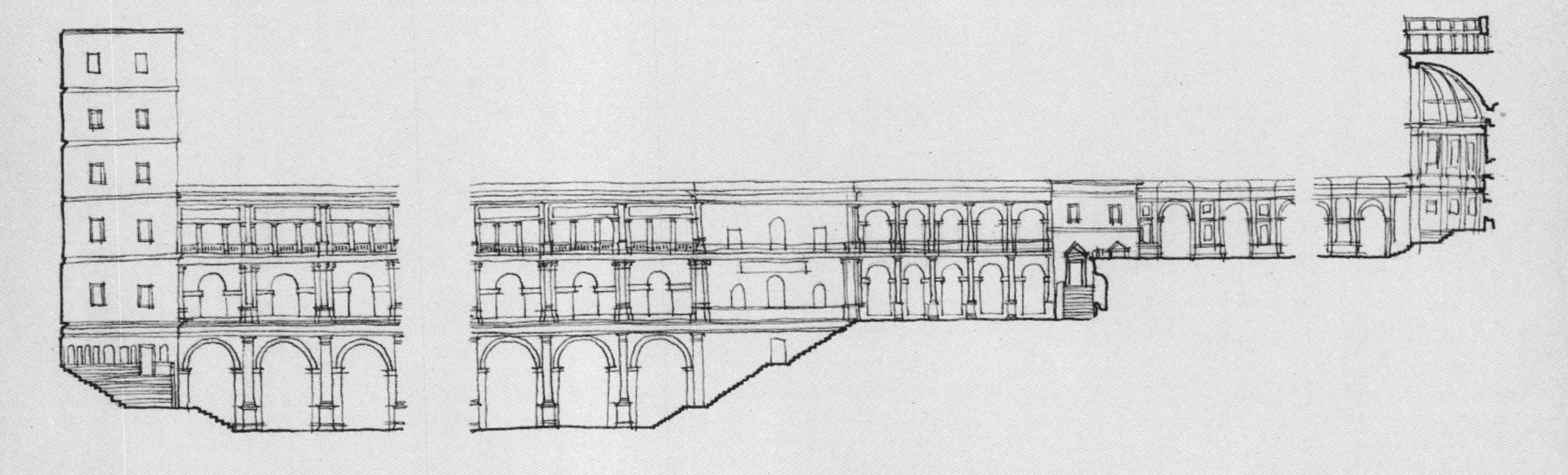

COURT OF BELVEDERE

RESTAURATION OF BRAMANTE'S PROJET

—(LETAROUILLY) —

圣彼得大教堂 (S.Peter's)，罗马

圣彼得大教堂最初由阿尔贝蒂负责设计建造，但是并未完成，直至教皇尤里乌斯二世取得皇位。他请米开朗琪罗为他设计陵墓，但是陵墓设计得太大，以至于老教堂很难容得下。尤里乌斯二世决定推翻老教堂重新建造一座新教堂，于是请布拉曼特负责设计建造。

1506年开始动工，平面图呈四臂等长的希腊式十字形，十字交叉处为圆形穹顶。十字交叉拐角处则是一些小型的圆屋顶。十字以外为钟楼。整个建筑平面图呈正方形，设计沿袭了拜占庭风格。由于教皇缺乏耐心，仓促施工，该建筑的缺点暴露出来，巨大的圆拱支撑着穹顶。一些书籍记载这些缺点非常严重，使得整个穹顶的规模变大。据另外一些书中的记载，事实并非如此。拉斐尔计划建造更加笨重的穹顶，并且在布拉曼特已经建造的角柱上继续修建。

p219，布拉曼特为圣彼得大教堂做的设计，平面图
p220，归功于布拉曼特设计（存疑），平面图

BRAMANTE'S SCHEME FOR

ST. PETER'S.

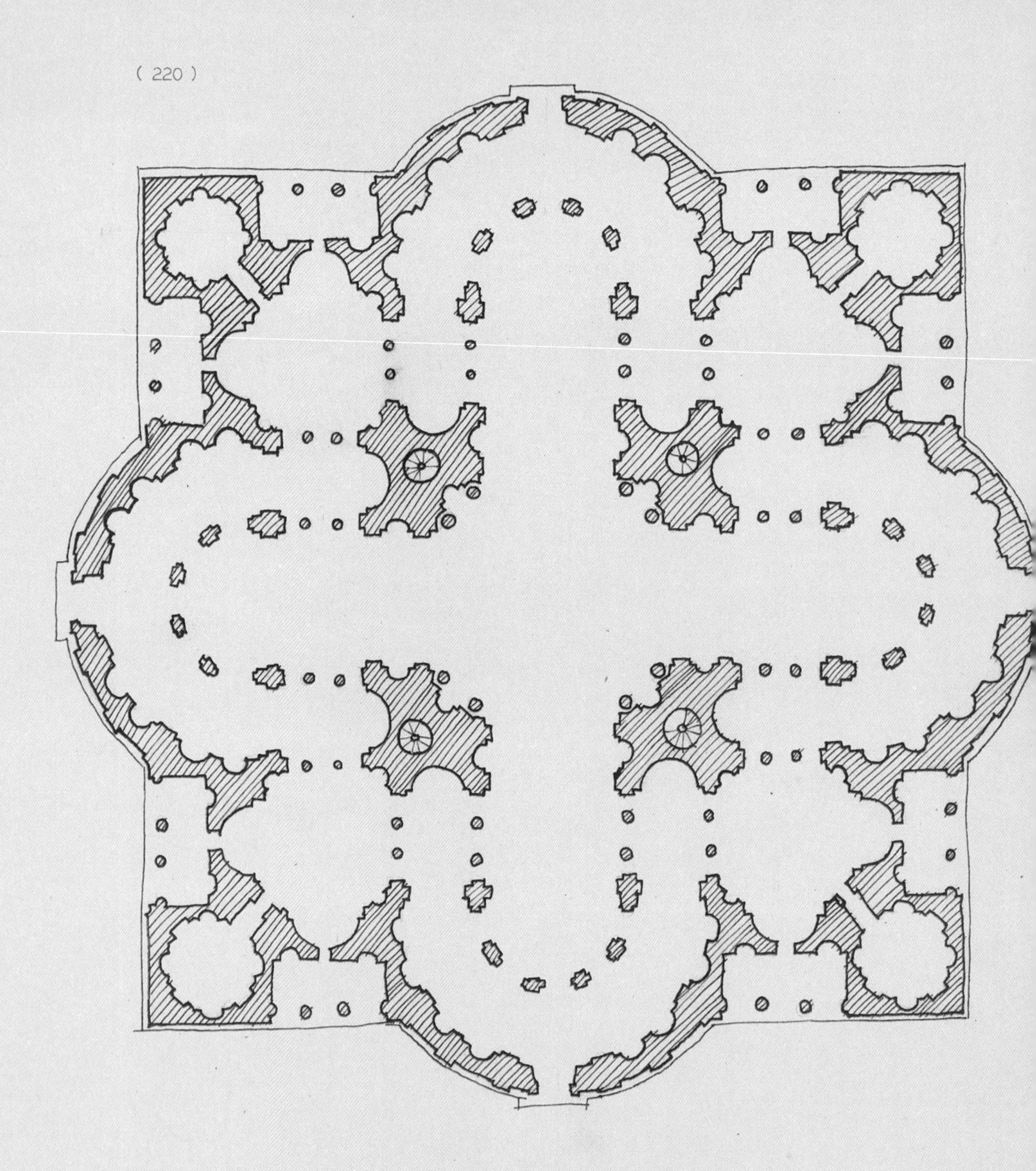

PLAN OF ST. PETER

ATTRIBUTED TO BRAMANTE (?)

课后作业

枢密院大厦，罗马

Palazzo Cancelleria

（勒塔鲁伊）

枢密院大厦坐落于纳沃纳广场(Piazza Navona)和法尔内塞广场(Piazza Farnese)之间，是罗马最宏伟壮丽的建筑之一。自克雷芒七世(Clement VII)起，红衣主教和罗马教皇就住在这里。1435年，来自帕多瓦(Padua)的红衣主教卢多维克·斯卡兰皮·梅扎罗塔(Ludovico Mezzarota)对宫殿进行了一些修整，但是当他把铭文刻在一层檐壁上之后，西克斯特四世的侄子——红衣主教拉法埃莱·里亚里奥出资对一部分宫殿进行了重建。布拉曼特负责主持这一重建工作。

（据瓦萨里记载，布拉曼特是1500年来到罗马的，但是枢密院大厦上的铭文记载，建筑师是布拉曼特，始建于1495年。）

此处重建所用的石料主要来自罗马圆形大剧场和戴克里先浴场(the thermes of Diacletien)。

在平面图中，有三大难题尚待解决：

1. 建筑需要建在一处周边不规则的圈地上；

2. 建筑将要建在一处被圣化的土地之上，很可能要采用古老的墙体延续并展示尊崇；

3. 建筑要依照教皇需求提供很多小型房间供其使用，同时，尽管要设计出很多封闭的小房间，整个建筑还一定要显示出它的神圣宏伟。

现在人们看到设计出的建筑鬼斧神工般地满足了所有的要求，入口宽敞，中庭优雅简洁，里面的出入口宽广大气，杰出的楼梯设计使其与整个教堂简单直接地完美衔接。在宫殿侧面设有入口的小庭同时连接中庭和花园，满足了很多需求。

结构考究、外观宏伟的立面一度曾以优美的线条、轻快的分隔和富于装饰而著称。这些都在人们脑海中留下了深深的烙印，一看便知是布拉曼特的作品。

非常遗憾的是，参与该教堂建筑的维尼奥拉和多梅尼科·丰塔纳(Domenico Fontana)忽视了细节的处理，使得建筑的整体看起来并不那么和谐统一。立面尽头突出的部分曾经被频繁使用，这一时期却很少用到。他们加固了建筑的转角处，虽然突出部分很小，但是足以改变立面过长的轮廓线。

除了首层的窗户和入口的立柱是由大理石建造的，立面的其余部分均采用凝灰石作为建材。

装饰线条的轮廓精美、坚固。中庭同样采用了檐口，在布拉曼特的其他作品中也使用过合成柱头，比如闻名遐迩的托洛尼亚宫(Palazzo Giraud/Palazzo Torlonia)和多利亚画廊(Doria)。它们似乎从古典柱头中汲取了灵感，与典雅的窗户完美融合在一起。

在整个建筑中，没有什么比精美的窗户更能代表建筑的特色。窗户采用大理石材质，雕刻细致、一丝不苟。壁柱用蔓藤花纹作装饰，看起来既富于变化又不失精致，整体效果非常迷人。阳台以丰富的雕塑著称。从嵌着镶板的装饰性支架和优雅、灵巧的蔓藤花纹的巧妙融合可以看出建筑师不俗的品位和敏锐的判断力。

建筑的中庭尊贵、优雅、独特，娴熟地运用了透视效果。

用圣洛伦索教堂的立柱来装饰两层的门廊，取得了不错的效果，但是，离建筑的彻底竣工还很远，还有很多事情尚待完善。需要修建办公场所、公寓，甚至是加盖楼层。因为建材匮乏，他们在增盖楼层的时候不得不用凝灰石来替代大理石。壁柱位于圆柱之上，看起来像是圆柱垂直于地面的延长线。为了使建筑看起来更加美观，墙面采用了材质更好的砖石。从建材的使用也不难看出建筑师的智慧和过人的才华。尽管建造施工条件恶劣，他们最终还是克服了这些困难。

建筑师们更喜欢用方形角柱取代圆柱来加固转角处。这样不仅使中庭的拐角看起来美观，而且避免了拱门相撞。

（辛普森）

建筑始建于1495年，这个时候布拉曼特还没有定居罗马，但是，在1493年到访罗马之后，他便开始着手设计。尽管建筑细节看起来非常美观，但是比起他后来的作品，在建筑规模上略微逊色。如果建筑是在布拉曼特定居罗马之前设计的，受到了首都古老遗迹的影响，那么有一些败笔也便不难理解了。立面就非常容易使人误入歧途，没人知晓立面后面有两座建筑，其中一座是圣洛伦索教堂，可从小门进入。在某种程度上，它让人很容易联想到阿尔贝蒂在佛罗伦萨设计建造的卢彻莱府邸，但是壁柱和窗户之间的空间却不同。后者与维罗纳的博尔萨里门上的窗户非常相似，且细节处理得更加精致。布拉曼特对维罗纳非常熟悉，这个大门入口很有可能是他来到罗马前主要的灵感源泉。壁柱成对排列，中间是墙体。他压缩了成对壁柱之间的空间，将宽度压缩到有窗户的隔间的一半。这是他非常擅长的表现手法，再加上窗户的设计，我们可以确定他就是枢密院大厦的建筑师。两层的壁柱几乎等高，但是上层壁柱贯穿两层，因此避免了不协调的比例。侧面与背面的壁柱等距，并没有成对出现，这部分的墙体由砖石砌成，只有前立面采用石头建造。

（芒洨）

枢密院大厦，又名圣达马索宫(Damaso)，为西克斯特四世的侄子，主教拉法埃莱·里亚里奥修建，也是布拉曼特在罗马的第一件作品。正是这件作品使他完成了从伦巴第风格向古典风格的转变。他完全打破了圣母恩泽教堂和圣萨蒂罗教堂的建筑传统，装饰做到了极简，摒弃了枝状大烛台。

正如阿尔贝蒂的卢彻莱府邸，建筑立面由粗面石和壁柱堆砌，但却是一个全新的布局。首层除了拱形窗户外，没有任何装饰，上面两层也保留着壁柱。上文已经谈到壁柱之间交替的空间。勒塔鲁伊指出建筑的轮廓精美，造型协调。窗户的细节更显优雅精巧，尤其是壁柱上的蔓藤纹饰。

在设计建造庭院的时候，布拉曼特使下面的两层产生了反差，就开放的拱廊而言，上层仅仅由壁柱支撑。在修建过程中，布拉曼特非常随性，将从达马索的圣洛伦索教堂上拆除的立柱拿来使用，而这些立柱又是从庞培的门廊上来。这样的建筑布局收到了很好的效果。但是需要再盖几层时，过去的建材已经用尽，在上层的建造中，布拉曼特用凝灰石取代了大理石，上方的壁柱则是下方立柱的延伸，两种柱式在一条垂直线上，产生一种柱式独立于砖石所砌墙体的效果。

里亚里奥家族的玫瑰图案则是建筑中的核心装饰元素，它被用来装饰柱头、拐角的方柱和拱廊的尖拱。这个图案使用太过频繁。

（盖米勒）

建筑的建造时间始终是个谜，建筑师则非布拉曼特莫属。布拉曼特于1499年来到罗马，而立面上篆刻的铭文则显示建筑始建于1495年。在一位米兰人写给罗马建筑师的一封信中提到，1493年12月布拉曼特并不在米兰。红衣主教拉法埃莱·里亚里奥可以在自己的家乡萨沃纳(Savone)听取布拉曼特的提案，而布拉曼特在他创作的一首十四行诗中也提到自己到访过萨沃纳。

建筑立面由粗面石砌，而柱式则在米兰的彩绘拱门中见到过。建于1475年的丰塔纳·席维斯特瑞之楼是布拉曼特的作品。

从勒塔鲁伊的文献中看到，门的设计出自布拉曼特之手。盖米勒则认为无论是线条风格还是表达手法，均像是安东尼奥·达·桑迦洛的作品。

（盖米勒）

详见作品列表。

立面由布拉曼特于1495年设计建造。

1500年至1514年，由布拉曼特亲自指导建造中庭。

大门的手绘图则出自桑迦洛之手。

（古米尔）

在早期，建筑尽头突出的部分十分重要。有节奏的间距则是阿尔贝蒂的设计风格，这与双柱式非常不同。

在庭院中，当他在处理拐角处时，往往采用角柱，这样看起来很美观。小门则是由维尼奥拉设计建造。

圣彼得教堂隐修院小神殿，蒙托里奥

Tempietto at San Pietro in Montorio

（芒茨）

该建筑修建时间略晚于枢密院大厦，它坐落于贾尼科洛山(Janiculum Hill)，在蒙托里奥的圣彼得教堂附近。这座教堂于1502年奠基开工。根据盖米勒描述："兴许这是首次采用古典的拜占庭式鼓座。"令人遗憾的是，围绕着礼拜堂建造一个圆形柱廊的设想并未实现。

（辛普森）

这座建筑始建于1502年，该建筑很有可能是布拉曼特到罗马后接手的第一个项目。这是一件不错的作品，建筑融合了真正的古典主义风格，建筑比例也十分精细。他原本打算在礼拜堂的外围建造一个圆形柱廊，它能使教堂看起来不像如今那么孤零零的，但是并没有建成。

（古米尔）

礼拜堂被认为是一座圣殿，用来纪念传说中的圣彼得的殉难地。这座建筑比其他建筑更具有考古学意义。圣坛下方是当年的地下室，地下室的天窗设计精美，采光很好。

圣彼得教堂，蒙托里奥

S.Pietro In Montorio

（勒塔鲁伊）

建筑的前身可以追溯至君士坦丁统治时期，在成为罗马二十个大型修道院中的一个之后，它被无情地抛弃了，并于1472年，被割让给小兄弟会使用。随后，为了圣方济各会(the Franciscan Order)的改革，西班牙国王斐迪南四世(Ferdinand IV)和公主伊莎贝拉(Isabella of Castile)委任巴乔·蓬泰利(Baccio Pontelli)重新设计建造圣彼得教堂。

教堂的门由大理石建造的，立面的剩余部分则采用凝灰石。

p229，罗马蒙托里奥的圣彼得教堂侧立面图
p230，罗马蒙托里奥的圣彼得教堂平面图

S. PIETRO IN MONTORIO

ROME

-(LETAROUILLY)-

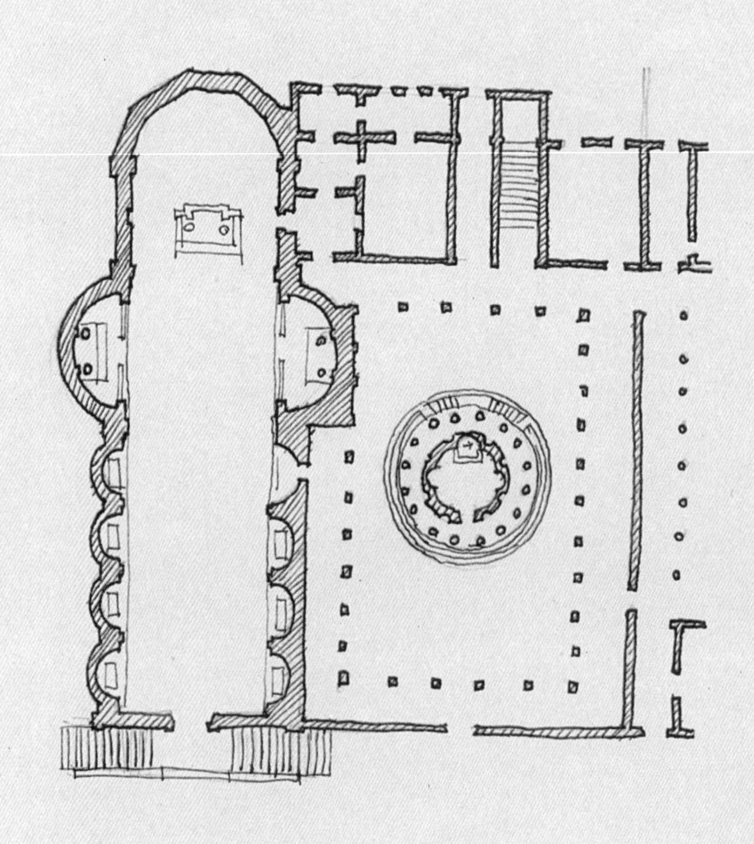

S. PIETRO IN MONTORIO

ROME

-(LETAROUILLY) -

（鲍姆）

大约在1472年重建，立面有两层，由壁柱勾勒出整体框架。

（古米尔）

楼梯两侧的矮护墙给人的感觉很现代。圆形的窗户则多少带有哥特风格的印记。

从平面图上看，教堂十字形翼部是半圆壁龛，没有侧廊。在庭院中，是由布拉曼特设计建造的隐修院小神殿。

梵蒂冈

Vatican

（芒茨）

在没有得到尤里乌斯二世赏识之前，布拉曼特并未与梵蒂冈有太多的交集。

梵蒂冈汇聚了各种建筑，除了原先由尼古拉五世主持修建、由拉斐尔负责装饰的屋舍以外还增添一些重要的建筑。尤里乌斯二世的主要目的是将不同的建筑联系在一起，特别是尼古拉五世时期和英诺森八世时期的建筑。他决定在观景楼与梵蒂冈之间的空地处建一座长方形的剧院将两座建筑之间的谷地围起来，与谷地接壤的地方是两个长长的走廊，从谷底到顶端有无数的台阶，通向观景楼的平台。

布拉曼特首先参照马切罗剧场的比例建造了右边的长廊。较低层的拱廊由壁柱支撑，从装饰看属于多立克柱式。在它上方的一层，窗户以爱奥尼壁柱为框。第三层则是一个1000英尺（约304.8米）不间断的长廊。

谷地被这些长廊包围，观景楼上有一处泉眼，水从泉眼流向谷地。

因为教皇希望尽早看到建筑魔法般地矗立在眼前，布拉曼特加快了施工建造，工人们不分昼夜地施工，这恰恰是导致建筑失败的原因。很大一部分建筑在克雷芒七世时期倒塌，保罗三世时期将其修复，不得不将建筑中相当一部分进行加固。布拉曼特去世时，仅建好了一座长廊。他在世时，另一座长廊才刚刚奠基兴建，于庇护四世(Pius IV)时期完工。瓦萨里曾经提到："自古代起，罗马从未见到过如此令人惊艳的建筑。"

最初，观景楼高高的庭院上有一处巨大的壁龛，如今被称作松果花园，较低的庭院上则有一个旋转木马。令人遗憾的是，如此整体的建筑风格被西克斯特五世(Sixtus V)的图书馆和新翼厅(Braccio Nuovo)一分为二。除此之外，各种各样的建筑复原和徒有虚表的装饰破坏了原先的效果。

圣达马索的庭院也是由布拉曼特设计建造的。与房屋相连的凉廊之前是开放的，而如今却关闭了。在它的首层有着巨大的拱廊和立柱。第一层拱门被多立克柱式隔开，第二层则采用爱奥尼壁柱，第三层是科林斯柱式。布拉曼特受尤里乌斯二世委托开始动工兴建，后来利奥十世委托拉斐尔接替布拉曼特的工作，建筑的装潢和一系列壁画均出自他和他的学生之手。

（盖米勒）

事实证明，布拉曼特负责建造的部分使宫殿与圣彼得大教堂产生了某种联系。它的中轴线与教堂的中轴线几乎是垂直的。从一幅由布拉曼特绘制留存至今的草图看，教堂被正方形的走廊环绕。

穹顶部分真正开始动工兴建是在1505年至1506年间，布拉曼特去世之后。没有手绘图纸显示布拉曼特试图完成它的建造工作。如今仅仅是首层较低的庭院完好无损，多立克式的檐部如今已不复存在。

观景楼侧面的阶梯上矗立着四根哥特式建筑的立柱，风格颇为自由随意。

和平圣母教堂，罗马

S. M. Della Pace

（芒茨）

那不勒斯红衣主教卡拉法（Oliviero Carafa）委托布拉曼特建造和平圣母教堂的回廊，于1504年竣工。这些信息可以从环绕回廊的乌尔比诺宫的碑文中得以确认。纯粹主义者谴责布拉曼特，认为他不应该将立柱置于第一层的空隙之下、拱门的顶饰之上。布拉曼特希望通过这样的设计消除第一层空间较大的问题。据勒塔鲁伊记载，布拉曼特试图采用方形壁柱以强调承重的方式来反驳那些对他的指责，在他的设计理念中意图通过使用简单装饰的中间立柱来打破较宽的缝隙。

（盖米勒）

据瓦萨里的记述，和平圣母教堂的庭院是红衣主教卡拉法委托布拉曼特到罗马接手的第一项任务。但从建筑内部看，并非由他指导完成。从装饰带上刻着的教堂建造年份1504年推测，这并非布拉曼特来到罗马之后接手的第一个建筑。他于1502年设计建造了坦比哀多礼拜堂（较为客观的推测，坦比哀多礼拜堂始建于1500年），该建筑为西班牙国王和王后建造，从雇主的身份不难看出布拉曼特的声誉和地位。

穹顶之上花形图案的装饰是后来雕饰的。从16世纪藏于乌菲兹美术馆(Uffizi Gallery)的手绘图纸看，最初的尖顶饰在形式上更似枝状大烛台。而在乌菲兹美术馆的另一间展室里的布拉曼特绘制的手绘图中看，这座建筑并没有尖顶饰，穹顶有凸起的花纹，阁楼上由壁柱取代了条带，立柱上方的檐部有基座。盖米勒认为，纪念碑受益于圆形的庭院。

（辛普森）

非常有趣的是，建筑师并未忘记北部庭院上层中间的立柱，而且倾心于罗马圆形大剧场和马切罗剧场的设计风格。长廊用过梁取代拱门便是一大进步。位于庭院中心的雨水排水口的保护盖非常有特色，这表明布拉曼特非常注重小细节的处理。

灵魂圣母教堂，罗马

S.M.del Anima

（勒塔鲁伊）

这座教堂和与它相邻的医院均建于1400年，两座建筑受到佛兰德斯本地人乔瓦尼·迪·彼得罗(Giovanni di Pietro)基金的资助，后教堂由德国人增建，保留至今。

该建筑的名称由一处遗址上的一尊古代雕塑而得名，该雕塑表现了两颗忠诚纯洁的灵魂。现有一尊复制品安放在主要入口上方的山形墙上。

人们认为立面建于1522年，但勒塔鲁伊推测建造时间要更早一些，约在公元1500年，由老安东尼奥·达·桑迦洛设计建造。一些评论家则认为只有门出自他之手。在一篇史料中记载这座建筑上层立面是由佩鲁齐设计建造的，他同时是教堂内部的教皇阿德里安六世墓碑的建筑师。瓦萨里认为在教堂设计建造方面曾咨询过布拉曼特的意见。

（图纸）

建筑没有耳堂，仅有四个开间，侧廊是一座半椭圆的礼拜堂，唱诗班席位的宽度相当于教堂的中殿，尽头是半圆形后殿。

立面有三层，三个开间。第一层有一条宽敞的中心门廊，用科林斯立柱装饰门框，顶端是三角形的山形墙。两扇侧门较小，但也有山形墙。第二层每一个开间均有一扇拱门，第三层中心有圆形窗。整个建筑没有过于沉重的部分。三层的三个开间均由科林斯式壁柱分开。

（古米尔）

从建筑的立面中看不出任何对剖面的提示。展开的墙体由深度不断变化的礼拜堂保护着，因此平面图呈矩形。

p237，罗马灵魂圣母教堂平面图　　p238，罗马灵魂圣母教堂立面图
p239，罗马灵魂圣母教堂剖面图

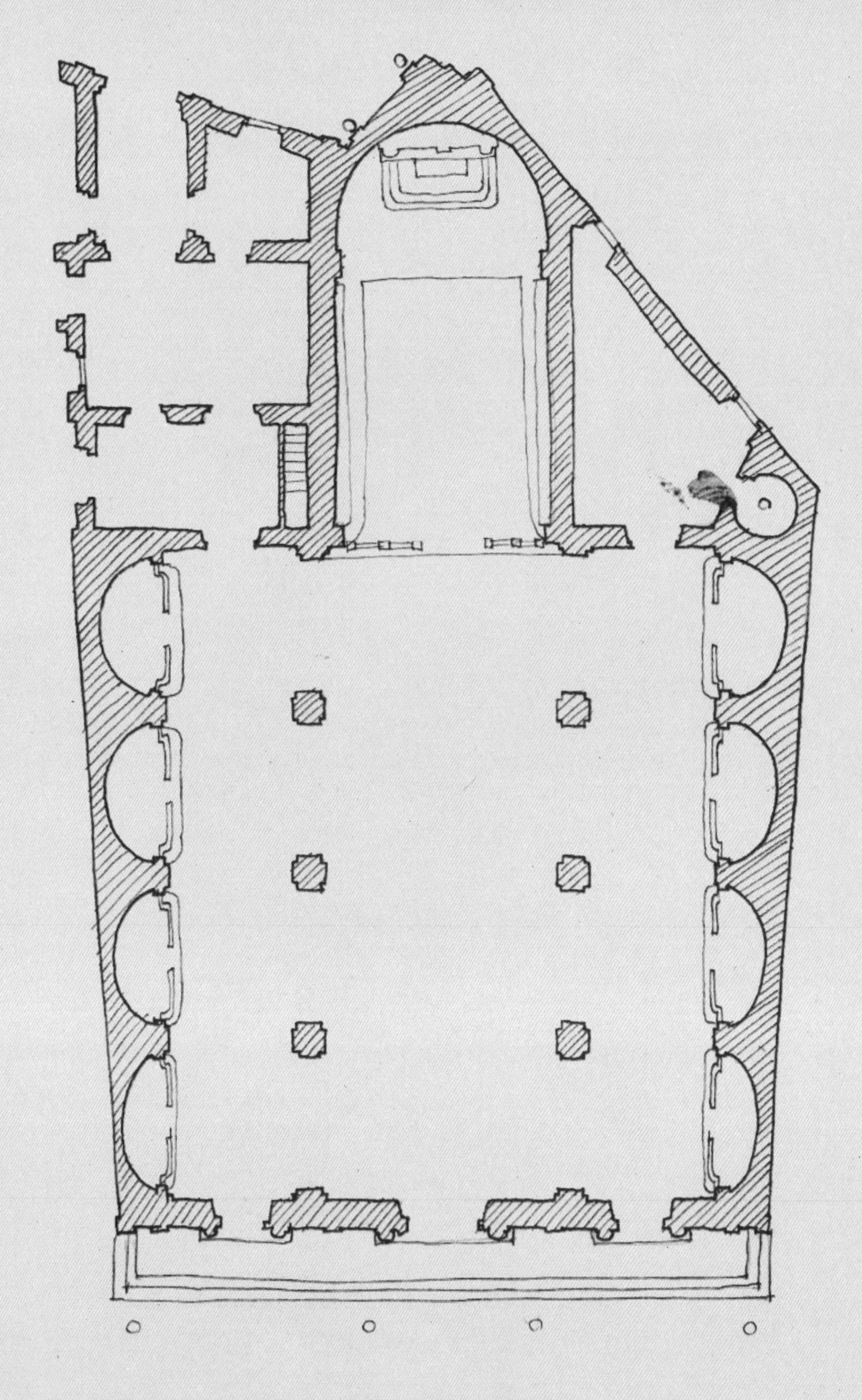

S. M. DELL' ANIMA.

—(LETRAOUILLY) —

S.M. DELL' ANIMA.

ROME.

-(LETAROUILLY)-

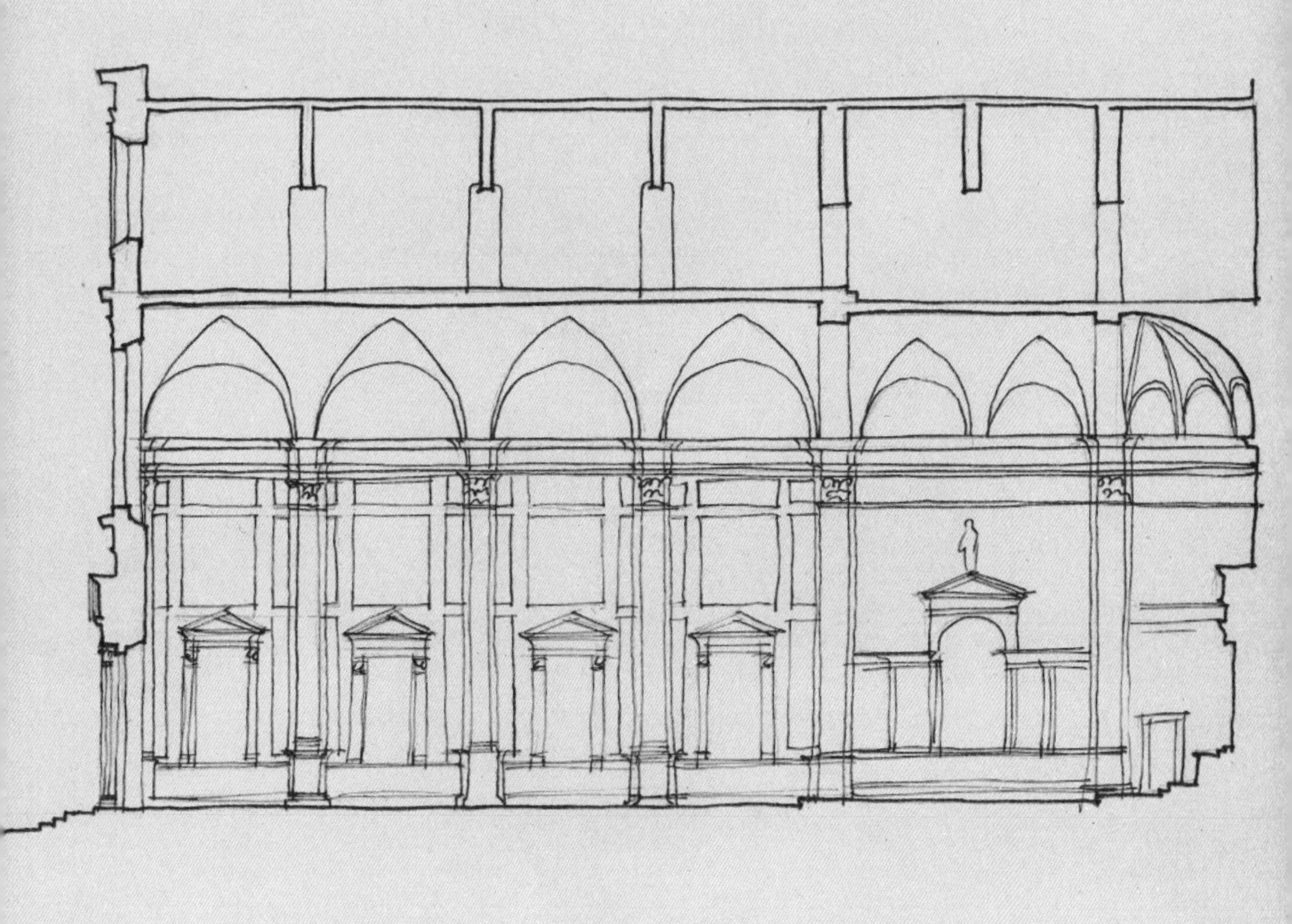

S. M. DELL' ANIMA.

-(LETAROUILLY)-

圣彼得大教堂，罗马

S.Peter's

（英国皇家建筑师学会）

圣彼得大教堂开始重建于文艺复兴的第一个时期，即尼古拉五世时期。在1447年他刚刚登基时，就下令拆除所有阻碍中心教堂建筑的商店。到1450年大赦年，尼古拉五世准备好了大量施工需用的石料，他下令开始重建君士坦丁巴西利卡(The Basilica of Constantine)。尼古拉五世于1455年的离世中断了这个工程。阿尔贝蒂和贝尔纳多·罗塞利诺的设计具有重要的历史价值。现代学者认为这两个佛罗伦萨人的设计为以后的建筑设计奠定了基础，并且影响了16世纪早期圣彼得大教堂的设计风格。

人们大都认为尤里乌斯二世是第一位继续主持这项工程的人，这个说法是错误的。实际上在尤里乌斯二世继位之前35年，保罗二世(Paul II)就已经开始了教堂后殿的施工。

对于尤里乌斯二世来说，工程的完成只是时间和金钱的问题。在决定推倒重建之前，尤里乌斯二世的设计和想法经过了许多完全不同的阶段。他起初是想完成尼古拉五世开始建造的后殿并想将其作为自己的陵墓。从1505年3月起，米开朗琪罗受任主持这项工程的施工建设。很多建筑师也参与到这项工程中来，许多精妙卓越的设计也不断涌现。最后，尤里乌斯二世决定撤回米开朗琪罗，完全重建一座具有文艺复兴风格的教堂。随后，他于1506年1月6日写信致英国国王宣告这个消息，同时寻求英国的合作。同年4月18日，圣彼得大教堂破土动工。

1506年4月6日，教皇拨款1500达克特聘用建筑师。到4月20日，款项到达了担保人手中，23日钱被交付给了被称为"主建筑师"的承包者。最初的承包者是五个人，签约合同规定了连墙上的黄铜纪念碑都需要按照固定的价格付费，对于支柱和柱头，都预先确定了费用，工人是按日收费的。布拉曼特负责支配所有的费用，他的名字几乎出现在每页大教堂建筑的账目中。像圣彼得大教堂首席建筑师这样重要的职位必定是竞争激烈，甚至其中会有阴谋。候选人很多，比如教皇的好朋友朱利亚诺·达·桑迦洛和乔瓦尼·焦孔多。

进程

布拉曼特首先推倒了大半个旧的巴西利卡。（因为他推倒了世人最为尊敬的神殿而由此得名"摧毁大师"。）

工程进展很快。上面提到1506年所签订的合同，石匠负责建造圣彼得大教堂的石基，并且将完成圆顶的方柱施工。自1507年3月起，凿石工开始切割建造新教堂的柱头。1508年3月初，被任命为石匠的三个人：

来自米兰的弗朗西斯·多梅尼科(Francesco di Domonico)、锡耶纳的安东尼奥·雅各布(Antonio de Jacopo)和来自罗马的贝尼代托·吉奥瓦尼·阿尔比尼(Benedetto di Giovanni Albini),签订合约承诺建造出规定数目的柱头。

这项工程一度缺少资金,教皇没有依靠他正常的收入来维持工程的建设。很多信件证明当时教皇号召整个欧洲为圣彼得大教堂的建造捐款。如果我们相信1517年那首出版于米兰名为"Simia"的讽刺诗作者所描绘的是真的,那么教皇则是通过特赦来换取捐助的。从1506年4月到1513年底的总花销达70633达克特。

尤里乌斯二世于1513年去世。这项工程由布拉曼特继续主持施工,直到一年后他的离世。这时,支撑大圆顶的四根方柱已经建到了檐口,拱门已经建造完成并以格状天花板装饰,后面的小礼拜堂也接近完工,其他部分的施工进展也非常快。据瓦萨里记载,内部的檐口设计精美绝伦,任何的一点改动都会毁掉整个设计。外部的柱头和所有多立克柱式的部分都展示着布拉曼特在建筑方面的神来之笔。这项工程本可以按照原来的计划和方案修建完成,但是后来又采用了其他的设计方案。

方案

布拉曼特设计的圣彼得大教堂呈现出希腊十字形结构,中心设有一个大圆顶，四个伸出的塔楼建在十字形结构正方形的四角处，四个十字形翼部及回廊延伸到半圆形的后殿。后殿和塔楼中间设有柱廊，其上分别建有四个小圆顶。盖米勒说这个结构将古典建筑的宏伟和中世纪教堂的神秘幽幻集于一体。

布拉曼特的设计结构只能在图纸上探讨研究，显得多少有些支离破碎，在卡拉多索纪念币(the medal of Caradosso)上，改动后的设计方案由塞巴斯蒂亚诺·塞利奥(Sebastiano Serlio)出版。

米开朗琪罗是布拉曼特的竞争对手，但他后来接受访问时说："毋庸置疑，布拉曼特是世上最伟大的建筑师。他最先设计了圣彼得大教堂的结构，他的设计方案让人没有困惑混乱之感，简洁大气，透光充足，具有隔绝于世的神圣感，但是也并没有掩盖梵蒂冈宫的显赫和美丽。但他的设计只得到了短暂的认同。桑迦洛等任何试图改变这个设计的人们，都在背离真谛。"

（英国皇家建筑师学会）

除了圆屋顶设计外，本来还应该有个尖角塔楼。

p244，依布拉曼特的设计为圣彼得大教堂做的复原图

p245，立面图　　p246，剖面图

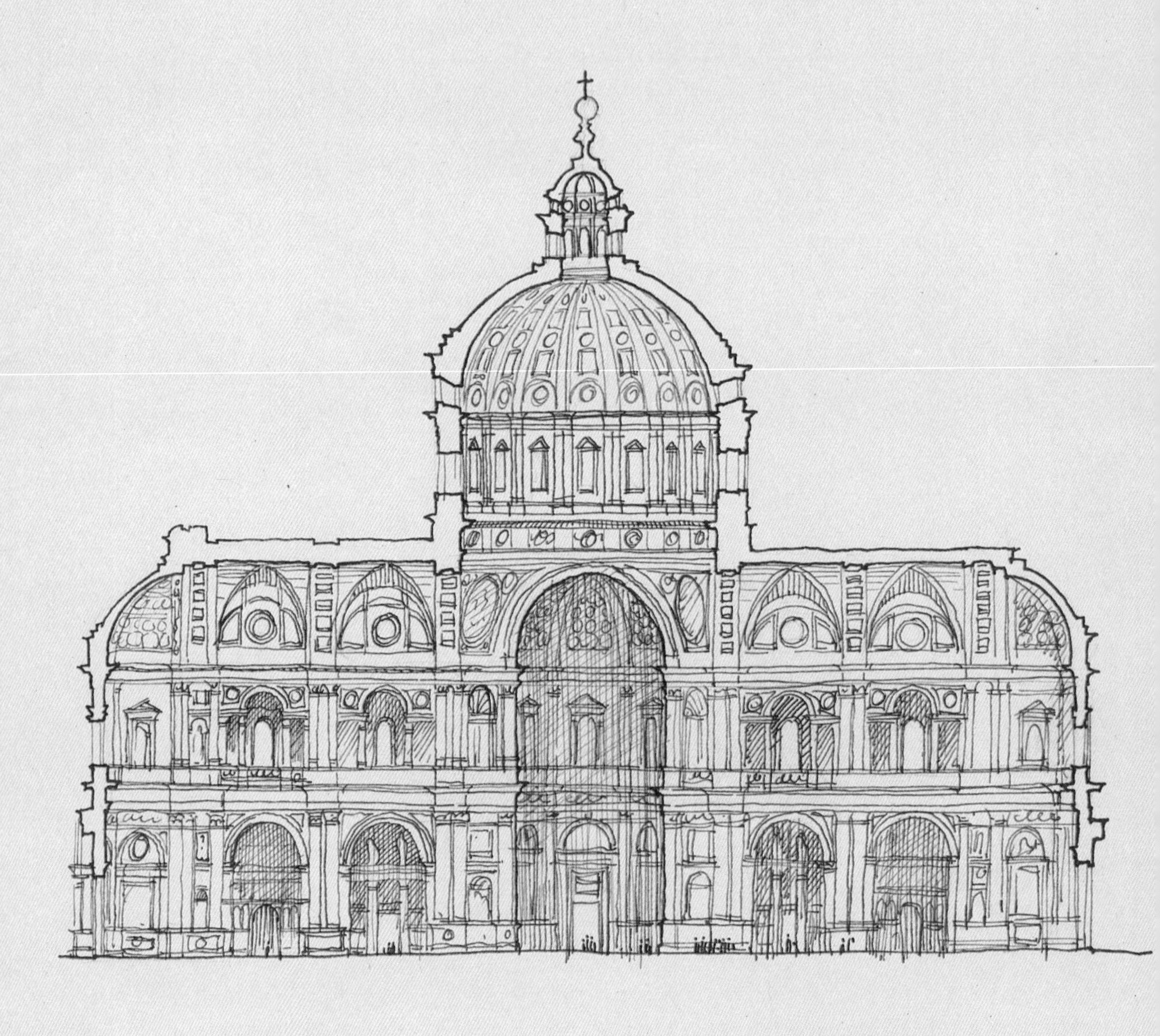

RESTORATION OF ST. PETER'S
AFTER BRAMANTE'S PLAN
BY GEYMÜLLER.

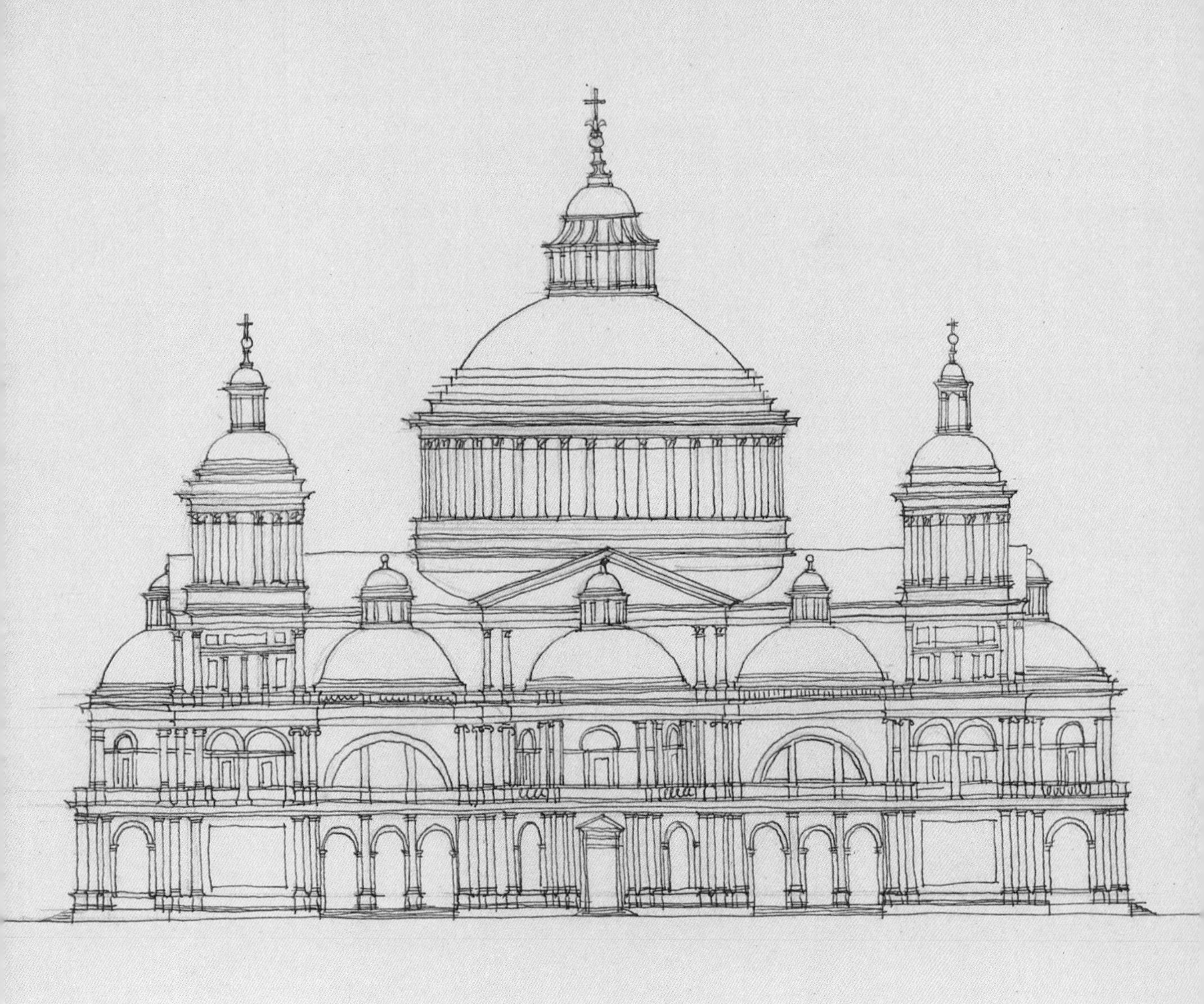

ELEVATION AFTER

BRAMANTE'S DESIGN

—(LETAROUILLY)—

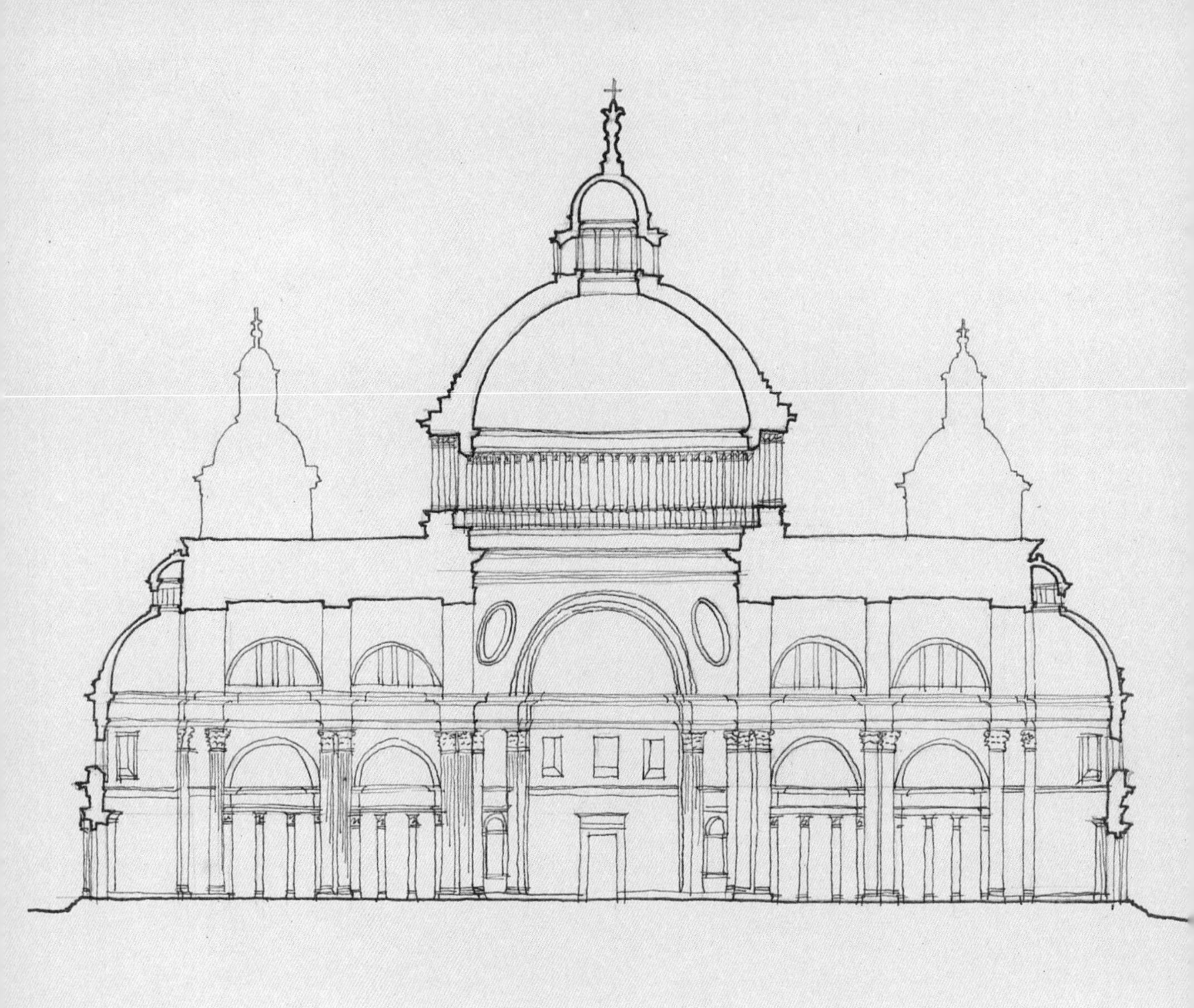

SECTION AFTER

BRAMANTE

—(LETAROUILLY) —

圣彼得大教堂，摄影师：Giacomo Brogi，摄影时间：1860—1881，汉堡工艺美术馆

布拉曼特为圣彼得大教堂做的设计方案

（辛普森）

布拉曼特的原设计结构呈正方形，每侧延伸出一个半圆形后殿，塔楼分别设在正方形的四个角上，四个小礼拜堂以对角线的方式环绕中心大圆顶建造，礼拜堂的上方均设有小圆顶。十字形翼部设计有筒形拱顶，正如现在所呈现的模样。十字结构的四个大型方柱是最先动工的，在1514年布拉曼特去世之前就已经完成，并且支撑它们的一些拱门也已经建造完工。大体看来，布拉曼特主要的精力和设计集中在了圣彼得大教堂的内部，而很少尝试教堂的外部构造，只有这种方法能够解释布拉曼特和后来继任的建筑师们在诸多试验设计中出现差异的原因。总的来说，中央空间的设计没变，但外墙有很大的改动。这部分没有建盖地基，否则决不会出现那么多改动建议。布拉曼特有可能非常难以下定决心来确定这座大教堂的精确的外观模样，有可能他的设计方案又不能满足雇主的要求。后殿由通道环绕的设计也应归功于布拉曼特，尽管设计者是谁还没有可靠的依据。这些设计都在佩鲁齐的实施方案中保存了下来。（佩鲁齐在受任为圣彼得大教堂的主设计师之前，曾多年任布拉曼特的助理。）在三个设计方案中，巨大方柱的中间都设有圆支柱。布拉曼特很可能是从米兰的圣洛伦索教堂设计中学会了具有层次感的布置，同时他对罗马古建筑的研究更强化了他制造层次感的想法。

布拉曼特贡献了圣彼得大教堂中心部分的设计，大体的内部建筑基调，独特的三开间中殿。他为内部的建造贡献了很多设计。有的设计一部分具有两种柱式风格，而且走廊通道上部设有两种立柱和一个由四部分组成的屋顶。有的则是单一的多立克柱式，像古罗马建筑一样，走廊柱子中间均配有支柱，全部以科林斯柱式支撑檐部，其上建有筒形拱顶。

布拉曼特的设计方案与
米兰圣洛伦索教堂的结构比较

据辛普森所说，布拉曼特是从米兰圣洛伦索教堂的设计中学习了具有层次感的布置特点。

很明显，布拉曼特采用了正方形的结构设计，每一侧延伸出了半圆形的后殿，像古代教堂一样在四周建有回廊，并在大方柱之间运用圆柱来展现层次。

（古米尔）

有人批评四个支撑方柱不够牢固，而且有一些建筑师相信这些方柱曾经被更换过，但是这些都可能只是谣言。

据说后来的建筑师们想要建造拉丁十字结构教堂，但更准确地说他们是想用新的设计来掩盖原来的设计，在新教堂动工后，原来的教堂还依旧存在了很久，但是旧建筑已经开始逐渐下陷，成为危房。

据瓦萨里记载，布拉曼特希望在和平庙（又称君士坦丁巴西利卡）之上加盖与罗马万神殿一样的穹顶。瓦萨里所言也不全然是事实，因为后者使用了交叉拱顶。

下页图为米兰圣洛伦索教堂平面图，从圣彼得大教堂的设计稿中可以看出布拉曼特从米兰的圣洛伦索教堂的设计中学习了经验

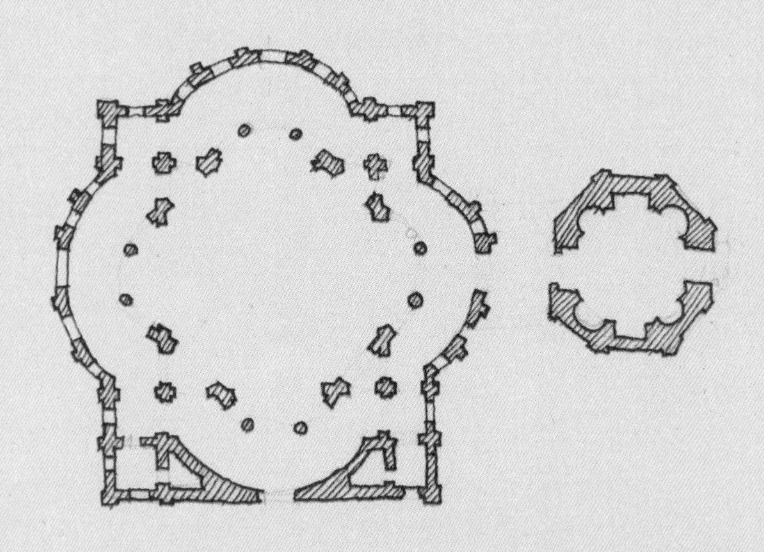

S. LORENZO, MILAN.

FROM WHICH BRAMANTE GOT SUGGESTION FOR HIS SCHEME FOR THE ST. PETER'S.

民众圣母教堂，罗马

Basilica of Santa Maria del Popolo

（鲍姆）

始建于1472年，于1477年竣工。

据推测由弗朗切斯科·达·塞蒂戈亚诺负责这项工程。

歌坛可能由布拉曼特于1505年至1509年间建造。

立面为双层壁柱结构。后来改用涡卷形饰进行过渡装饰。

在教堂内部，1485年，乔瓦尼·克里斯托福罗·罗马诺(Giovanni Cristoforo Romano)为马尔坎托尼奥·阿尔贝托尼(Marcantonio Albertoni)设计建造了墓碑。墓碑上的图案则出自尼科洛(Niccolo Cinmare)之手。

p253，罗马民众圣母教堂平面图
p254，罗马民众圣母教堂立面图

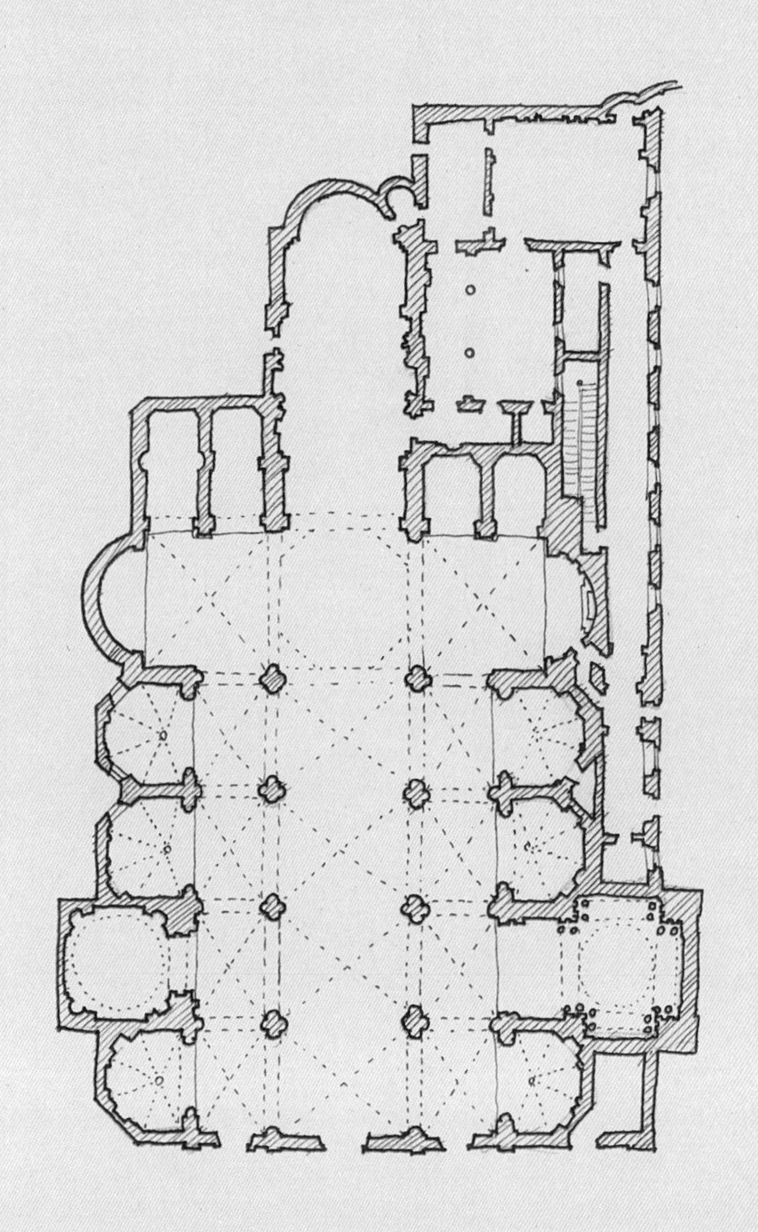

S. M. DEL POPOLO

ROME

-(LETAROUILLY)-

S.M. DEL POPOLO

ROME

-(LETAROUILLY)-

圣奥古斯丁教堂，罗马

Basilica of Sant'Agostino

（勒塔鲁伊）

早在13世纪的罗马，圣奥古斯丁修道会已经拥有了自己的修道院和小教堂。两个世纪以后，罗马人决定扩大这座教堂的规模。这个任务交给了建筑师雅各波·达·彼得拉桑塔（Jacopo da Pietrasanta）和一位名叫塞巴斯蒂亚诺的佛罗伦萨人。1480年，巴乔·蓬泰利承接并完成了圆屋顶的设计建造（这是罗马的第一个圆屋顶），并于1483年修建了立面（门上记载着修建日期）。来自（法国）鲁昂的红衣主教纪尧姆·埃斯图维尔（Guillaume d'Estouteville）承担了这些花销。

17世纪，复原教堂，由万维泰利重建修道院。

（鲍姆）

建筑于1479年至1483年，由雅各波·达·彼得拉桑塔与塞巴斯蒂亚诺设计建造。

教堂为双层立面，采用壁柱和装饰线条连接的方式。在两层之间是阁楼状的梯形，看起来很轻快。螺旋形爱奥尼三角叶装饰则给人以沉重的印象。

（古米尔）

建筑的侧廊是中殿宽度的一半，也就是说两个独立的侧廊宽度等于中殿的宽度。

下页图为罗马圣奥古斯丁教堂立面图

S. AGOSTINO

ROME

-(LETAROUILLY)-

第十八课:12 月1 日, 1925 年

拉斐尔·桑蒂　(Raphael Santi),1483—1520

没有人比拉斐尔更配得上建筑师这一称号了,但他英年早逝,去世时年仅36岁。他尝试过很多与艺术相关的其他领域,但是愈发对建筑感兴趣。如果他的寿命能长一些,将会设计出更多传世的建筑。他来自乌尔比诺。

注:应为37岁。

圣彼得大教堂　(S.Peter's),罗马

在布拉曼特去世之后,拉斐尔接替他成为圣彼得大教堂的建筑师。他调整了教堂的平面图,将其改为拉丁十字,这种做法是欠考虑的。尽管竣工之后的建筑如拉斐尔改造的平面图,但是从透视法的角度而言,纵长较长的臂削弱了穹顶的影响力。由于其他杂事缠身,拉斐尔很难把更多精力投入到圣彼得大教堂的建造中,自然他在这座建筑上的影响力较弱。

此外,他还受命完成了圣达马索宫庭院的建造。他装饰了画廊,如今被称作拉斐尔画廊(Raphael Loggia),装饰采用蔓藤花纹,灵感源自

台伯河(Tiber)河床上的罗马绘画。

玛达玛别墅　　　　(Villa Madama),罗马

玛达玛别墅坐落于波波洛城门(Porta del Popolo)外,这座建筑由拉斐尔设计,朱里诺·罗马诺(Giulio Romano)最后完成。这并非是一座用作住宅的建筑,它仅被用来度假,户外风景宜人。庄园位于倾斜的山坡上,被一处大花园环绕,斜坡向外延伸,可以看到梯田、喷泉。这里离罗马的路程很短,属于文艺复兴时期建筑的独特代表。它毁于"罗马大劫掠"(the Sack of Rome),现在仅剩断壁残垣。非常有趣的是这座建筑采用灰泥浮雕,并且拥有圆形庭院。

潘道菲尼府邸　　　　(Palazzo Pandolfini),佛罗伦萨

在佛罗伦萨,拉斐尔设计了潘道菲尼府邸,真正动工建造则在他去世以后。受到罗马学派和佛罗伦萨学派的双重影响,在设计中,他保留了沉重的顶部檐口,门道和转角处均为粗面砌筑。门口处为三角形或半圆形的山形墙,将柱式作为装饰。

称拉斐尔为建筑的设计者较为确切,他并没有接受过工程学的教育,在施工建造方面需依靠他人,他的贡献较少。

下页图为佛罗伦萨潘道菲尼府邸透视图(注:建筑图中的文字疑为梁先生笔误。)

(260)

(1)

PALAZZO PANDOLFINI
ROME

巴尔达萨雷·托马索·佩鲁齐 (Baldassare Tommaso Peruzzi),1481—1536

佩鲁齐在文艺复兴全盛时期是一位非常有影响力的人物,被誉为"建筑师中的建筑师"。他的作品独具特色,吸引了更多的建筑师的目光。

佩鲁齐出生于锡耶纳,具有佛罗伦萨血统。最初他是一位画家,于1503年来到罗马,师从于布拉曼特。他性格极度谦逊,这使得他有意回避成为一名公众人物。他在罗马、博洛尼亚和锡耶纳都工作过。

法尔内西纳别墅 (Villa Farnesina),罗马

建筑最初是为锡耶纳一位富有的银行家阿戈斯蒂诺·齐吉(Augustus Chigi)设计建造。这座建筑也是一处供休闲娱乐的场所,建筑拥有凸出的双翼,设计新颖,富有创意的柱式和拱廊,并且拥有较宽的装饰带。

圣彼得大教堂 (S.Peter),罗马

佩鲁齐曾于1520年至1527年和1532年至1536年间受雇建造圣彼得大教堂,但是对该建筑的贡献微乎其微,并不能通过该建筑展现其独特的一面。他将建筑平面改回四臂等长的希腊式十字——一个出色的平面设计。

马西莫圆柱府邸 (Palazzo Massimi),罗马

这座建筑是为了改善马西莫家族的居住条件而设计建造的。建筑主立面矗立在一条弯曲狭窄的街道上,地基并不规则,可以居住两户人家,两间房屋在整座建筑之前,上方为凉廊。这样的建筑设计留下了黑暗的阴影。

在庭院中,柱廊仅仅位居两边。平面设计更偏于法国风格,在拐角和轴线的处理上显得非常巧妙。这幅平面图纸表明佩鲁齐同样是一位出色的装潢设计师。

从他设计的许多图纸推测,他曾经研习过希腊建筑。

此外,他还设计建造了锡耶纳的波利尼宫(Palazzo Pollini)和博洛尼亚的阿尔贝加蒂皇家古堡(Palazzo Albergati)。

第十九课:12月7日, 1925年

小安东尼奥·达·桑迦洛 (Antonio da Sangallo the Younger), 1484—1546

他是佛罗伦萨人，布拉曼特的学生，对圣彼得大教堂的情况非常熟悉。他家庭的其他成员也是建筑师。

圣彼得大教堂 (S.Peter), 罗马

在佩鲁齐去世之后，小桑迦洛受命继续建造圣彼得大教堂。他设计了一张平面图，制作了一个模型，但是这些设计在现存建筑物中没有留下丝毫痕迹。在他的设计中，综合了拉丁十字和希腊十字两种风格。在前厅，使用开放的门廊和其他闭合的门廊。从外部看，是拉丁十字，从内部看，是希腊十字。

法尔内塞府邸 (Palazzo Farnese), 罗马

这是小桑迦洛的成名之作。法尔内塞府邸的上层和檐口由米开朗琪罗负责设计建造。建筑使人想起佛罗伦萨的府邸。尽

管建筑师希望在顶层使用柱式，但最终并没有采纳。建筑的立面多少有些单调，但在尺寸和比例规模方面给人留下了深刻的印象。窗户上方是圆形或三角形山形墙，前厅入口处的门廊上方是筒形拱顶。庭院的一二两层有罗马式拱廊，第三层有壁柱。第一层有许多小房间，重要的房间均在第二层。在亚历山大·法尔内塞(Alexander Farnese)为红衣主教的时候，此处立有他的雕像，随后改立教皇保罗三世的雕像。

第二十课:12 月8 日, 1925 年

米开朗琪罗·博那罗蒂　(Michelangelo Buonarroti), 1475—1564

米开朗琪罗是佛罗伦萨人,主修绘画与雕塑,曾是美第奇家族开办的一所学校里的学徒。这所学校最初招募了一批学生,让他们对家族里的古董雕塑进行研究学习。米开朗琪罗被公认为雕塑家,然而他在绘画和建筑设计方面同样技艺精湛。在布拉曼特来到罗马时,米开朗琪罗已经在雕塑界享有盛誉。

处女作　他在建筑设计领域崭露头角是从圣洛伦索教堂立面的设计开始,但是方案并没有实现。

圣洛伦索教堂新圣器室　(New Sacristy of S.Lorenzo),佛罗伦萨

圣洛伦索教堂新圣器室位于佛罗伦萨,这里安放的美第奇家族墓碑,独具特色。建造设计手法更加自由,比如残缺破碎的檐口等。在设计方面,融入了更多的变化,采用大型的支柱和托臂。

劳仑齐阿纳图书馆前厅的阶梯　(Laurentian Library)，佛罗伦萨

它位于佛罗伦萨，并非一处很美观的建筑。

坎皮多利奥宫殿建筑群　(Campidoglio)，罗马

这是米开朗琪罗在罗马的第一件作品，但是大部分建造工作是在他去世后施工完成的。一边是元老院(Palazzo del Senatore)，紧邻它的是博物馆；另一边是保守宫(Palazzo dei Conservatori)，通过宽敞的坡道阶梯可以到达。这些建筑均采用了巨柱式。

人们把随着文艺复兴的衰落、引进巴洛克风格"归功"于米开朗琪罗。

法尔内塞府邸　(Palazzo Farnese)，罗马

法尔内塞府邸的檐口由米开朗琪罗设计建造。他在一次并不公平的比稿中取胜。

圣彼得大教堂　(S.Peter's)，罗马

米开朗琪罗于1546年至1564年间，受到五位教皇的委任，不计其数的工作等着他。

他接手的第一项任务即是恢复布拉曼特设计方案中的希腊十字的设计

方案。他将设计简化，并从万神殿汲取灵感，在建筑前端增加了门廊。教堂上方是由鼓座承托的拱形穹窿。他徒手绘制的曲线接近椭圆形。1549年后，米开朗琪罗没有了资金支持，非常心寒。在他去世的时候，按照设计方案动工不过几英尺。曾经制作的穹顶的模型，在实际建造中最终被采纳。穹顶模型共有三层壳，但是在米开朗琪罗生前，放弃了较下方的一层。维尼奥拉接手了米开朗琪罗的工作。居于右边穹顶上方的天窗和拱顶则是由贾科莫·德拉·波尔达(Giacomo della Porta)建造。

1585年，当教皇西斯科特五世登上了罗马教皇的王位时，他把方尖碑从尼禄竞技场(Circus of Nero)移至教堂前。此外西斯科特五世还决定根据米开朗琪罗的设计方案完成穹顶的建造，从1588年1月15日至1588年12月17日，完成了鼓座的建造，从1588年12月22日至1590年5月完成了穹顶的建造。这是由600位工匠夜以继日地工作才得以实现。

米开朗琪罗在建筑设计方面备受争议，但是巴黎歌剧院的建筑师夏尔·加尼耶(Charles Garnier)则认为圣彼得大教堂穹顶的线条为"神来之笔"。人们需绕着建筑，走到它的后方去观赏教堂穹顶带给人的震撼感。教皇克雷芒八世(Clement VIII)在任期间，在穹顶之上加上了顶塔，内部则由多梅尼科·丰塔纳负责完成。

建筑最东边矗立在古罗马竞技场的部分已经不安全，墙面倾斜3英尺(约0.9米)。

他们采取拉丁十字结构是希望能够覆盖老的圣彼得教堂。

米开朗琪罗的方案被放弃了，立面由卡洛·马代尔诺(Carlo Maderno)设计建造。他用石头装饰教堂内部，并制作了北部喷泉的模型。

乔凡尼·洛伦佐·贝尔尼尼(Gian Lorenzo Bernini)在宗座圣坛之上雕制了青铜华盖。起初这一设计遭到强烈反对，9年之后得以竣工，人们普遍认为青铜华盖所使用的铜来自万神殿的门廊顶棚上的青铜装饰。他还设计了教堂立面左边的钟楼。青铜华盖有着装饰精美的柱子，运用了老巴西利卡(the Old Basilica)螺旋形铜柱，推测来自希腊。

贝尔尼尼受命负责钟楼的开工建设。他曾被流放，但是之后又回来继续圣彼得大教堂的施工建造。1650年，大赦年。教皇亚历山大委派他建造教堂前的柱廊。在绘制的平面图中，他采用了椭圆形。柱廊由四排塔司干柱式组成。

克雷芒十世期间完成了南侧喷泉建造。

椭圆形的纵轴有1100英尺(约335.3米)长。

第二十一课:12 月15 日, 1925 年

威尼斯是另一处艺术中心。罗马居首,是当之无愧的艺术重镇,威尼斯紧随其后。罗马和威尼斯两大城市均卷入查理五世和法国的那场战争。威尼斯被孤立,伦巴第受到的影响最大,部队进军米兰。

米凯莱·桑米凯利 (Michele Sanmicheli),1484—1559

他的父亲和叔叔均是建筑师。米凯莱·桑米凯利 16 岁时被送往罗马。克雷芒七世委派他做桑迦洛的助手,为教皇国修筑防御工事,他的大部分建筑作品都是军事建筑,设计风格庄严险峻。他在完成了为宫廷的服务之后,去了威尼斯。他的主要作品在维罗纳。

贝维拉夸府邸 (Palazzo Bevilacqua),维罗纳

贝维拉夸府邸的下层是地窖,由壁柱连接的罗马式拱廊,采用非常明显的粗凿处理。从传统意义而言,米凯莱·桑米凯利是粗面石柱式的发明者。建筑的施工处理方式发生了改变,使用更多的雕塑装饰,建筑显得更加轻巧。柱式呈现出有韵律的间隔。建筑上层的设计

让人很容易把它与伦巴第时代的建筑联系起来。

庞贝宫 (Palazzo Pompei),维罗纳

庞贝宫的风格庄严、简洁、朴素,底层采取粗石饰面。

帕利奥门 (Porta del Palio),维罗纳

帕利奥门是米凯莱·桑米凯利最出名的一件杰作,这是他设计的三座城门之一。这座大门的设计将中世纪防御工事型城市大门的元素与凯旋门的元素相结合。

佩莱格里尼礼拜堂 (Cappella Pellegrini),维罗纳

教堂亦称圣伯尔纳教堂(S.Bernardino)。这座小教堂展示了米凯莱·桑米凯利在建筑设计方面精美细腻的一面。圆形小教堂以穹顶覆盖,穹顶上方为顶塔。圣坛上方是根据房间的曲线而设计的山墙。

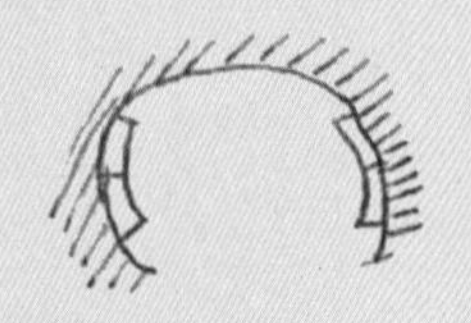

(1)

下页图为维罗纳庞贝宫透视图

Palazzo Pompei

VERONA

— STATHAM'S HISOTORY —

第二十二课:1 月4 日, 1926 年

桑索维诺　(Sansovino), 1486—1570

桑索维诺原名为雅各博·塔蒂(Jacopo Tatti),跟随其导师后,老师允许他使用自己的姓氏,于是改名为雅各博·桑索维诺。到罗马后,他跟随布拉曼特学习,从事雕塑方面的工作。后因病回到威尼斯,曾与米开朗琪罗竞争,参加圣洛伦索教堂的比稿。1527 年,由于"罗马大劫掠",他移居威尼斯,在那里他留下了自己的代表性作品。

科尔纳罗府邸　(Palazzo Cornaro della Ca'Grande),威尼斯

建筑有地基较高的底层,粗石饰面。在它的上方为两层连拱廊,顶层的檐部中间是镶嵌着窗户的巨大檐壁。(梁、檐壁、檐口)三部分的组合几乎不复存在,只能在它的尽头看到细微的迹象。

造币厂　(La Zecca),威尼斯

建筑有粗石饰面的立柱,这是第一次出现这样圆

柱体的柱式。圆柱采用的是大大小小的圆鼓石。

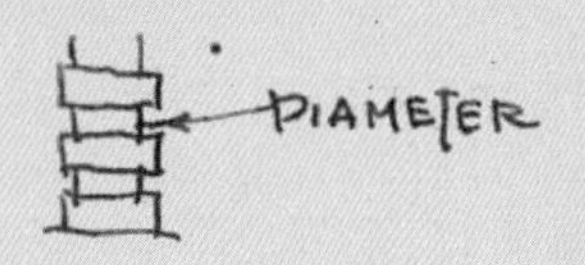

钟楼平台　　(The Loggetta),威尼斯

它位于圣马可广场钟楼底座,这其实应该算是一件雕塑作品,建筑仅仅是一个为它搭起的框架。钟楼倒掉之时平台也被损毁,从此倒塌,后来在废墟处被重新还原。

圣马可图书馆　　(The Library of S.Mark's),威尼斯

圣马可图书馆有双层罗马拱廊立面,下层为多立克式半柱,上层为爱奥尼柱式。在上层,柱式由小型圆柱支持,檐部十分笨重,占据圆柱高度的一半。檐壁有窗户,四周是突出的人物浮雕。

佛罗伦萨学派

佛罗伦萨失去其统治地位,在16世纪仅存几件作品。

两座非常有名的教堂均采用希腊十字。

圣布莱斯圣母教堂　　(Madonna de San Biagio),蒙特普尔恰诺

圣布莱斯圣母教堂与圣母恩泽教堂相似,具有高

高的穹顶。由老安东尼奥·达·桑迦洛设计建造。

抚慰圣母教堂 (S.M.Della Consolazione),托迪

抚慰圣母教堂末端呈半多角形,后殿为十字形。

贡迪府邸 (Palazzo Gondi),佛罗伦萨

贡迪府邸由朱利亚诺·达·桑迦洛设计建造,延续老式佛罗伦萨宫殿的设计方案,但是门窗侧面更加轻巧。城堡建造设计的创新之处在庭院的阶梯,架设在拱廊和立柱之间。

潘道菲尼府邸 (Palazzo Pandolfini),佛罗伦萨

或许既可以把潘道菲尼府邸归类到托斯卡学派,也可以归到佛罗伦萨学派。

第二十三课:1月5日,1926年

正统的古典主义时期，1550—1600

16世纪下半叶，这一时期的建筑以安德利亚·帕拉第奥(Andrea Palladio)设计建造的作品为代表，设计更加趋向注重罗马建筑中的细节。测量与手绘在建筑设计中所占比例更加重要。柱式成为所有设计的基础，他们大胆地进行了一切尝试。

其中的两大显著特点是受到米开朗琪罗的影响。

- 格外注重建筑细节;

- 使用大型柱式。

这时期的建筑比例精确、轮廓分明。风格朴素、生硬，缺乏灵动与变化，缺乏个性。过分强调技术，仿佛规则比起建筑本身更加重要。

在建筑设计中过度使用抹灰，使得建筑看起来不够耐久。从而导致在建筑表面抹灰来仿制大理石效果。

贾科莫·巴罗齐·达·维尼奥拉 (Giacomo Barozzi da vignola), 1507—1573

维尼奥拉生于意大利北部，以他的出生地为名。他在博洛尼亚学习绘画，但效果并不理想。1535 年他赴罗马，学习建筑设计。他的最大成就在于五大柱式，并于 1562 年出版了相关的理论著作，至今都非常有影响，但是他本人很少采用自己撰写的"法则"。从他作品精致与高雅的风格中不难看出他是佩鲁齐的学生。

朱利娅别墅 (Villa Papa Giulia)，罗马

朱利娅别墅是维尼奥拉最早的作品，位于罗马城门外，教皇尤里乌斯三世(Pope Julius III)的别墅。如他的大部分作品，这座别墅也有其独创性。这里有一个大的庭院，庭院尽头呈半圆形。别墅前面是包含有房间的大型凉亭。在不同的平台和庭院都有花园，其中一个有凹陷的水渠和喷泉，另外一处是呈螺旋状的斜坡。别墅里有许多精致漂亮的细节和涂着灰泥的装饰。这里与罗马的一些陵墓有相似之处。这座建筑如今是伊特鲁里亚博物馆(Nazionale Etruscan Museum)。

注：原文为 Pope Julius IV，疑有误。

圣安德烈教堂　(San Andrea),罗马

圣安德烈教堂位于朱利娅别墅的附近。帆拱之上是椭圆形穹窿,纵剖面很低,前端是山形墙。

卡普拉罗拉法尔内塞别墅　(Villa at Caprarola),罗马郊外

在卡普拉罗拉最矫揉造作的一处建筑是为亚历山大·法尔内塞设计建造的别墅。从平面图看,建筑的外观是五边形的,围绕圆形庭院建造。斜坡则被当作(别墅前面的)露台。该建筑具有军事特点,颇似法国封建时期的城堡。

耶稣会教堂　(IL Gesù),罗马

维尼奥拉仅负责耶稣会教堂建筑方案。他采用由阿尔贝蒂在曼托瓦建造的圣安德利亚教堂的建造方式,没有侧廊,拉丁十字,相对较宽的教堂中殿。建筑内部属于下一个时期风格。教堂立面由德拉·波尔达设计建造。

圣彼得大教堂的小圆屋顶　(Cupolas of S. Peter's),罗马

维尼奥拉接手米开朗琪罗的工作,继续圣彼得大教堂的设计建造,右侧小圆屋顶便出自他之手,随后其他几个小圆屋顶都

是根据这个屋顶建造的。

维尼奥拉经常遭到强烈的指责，说他阻碍了建筑的发展，这种指责显然是有失公平的。他的作品富于独创性。如果说是维尼奥拉设立了规则，不如说他为规则增添了美感。

安德利亚·帕拉第奥 (Andrea Palladio)，1508—1580

注：原文为1518—1580，疑有误。

帕拉第奥生于帕多瓦，现在人们对他早年生平知之甚少。他曾是一名石匠，备受几位资助人的关注，他们将帕拉第奥送到罗马学习建筑，并在那里出版了他在建筑方面的传世之作《建筑四书》。

维琴察巴西利卡 (Basilica at Vicenza)，维琴察

1549年，帕拉第奥在中世纪市政厅原址上建造了连拱廊，当时并未被认为是（集会等用的）巴西利卡。开间更加宽敞，在采用他希望的古典建筑风格时，尽端的开间要比普通的开间宽一些，于是他使用较小的柱式支撑拱廊来解决这个问题，开创了以他名字命名的"帕拉第奥母题"。它确实融合了佛罗伦萨式拱廊和罗马式拱廊的特色。显然他在设计建造时对于空间的处理上感到困惑，因此在处理拐角拱廊的转折处，他缩小了空间。帕拉第奥打破了柱式与柱式间的檐部，这种风格对此后的建筑产生了深远的影响。

第二十四课:1月11日, 1926年

帕拉第奥(未完待续)

维琴察巴西利卡　　(Basilica at Vicenza),维琴察

建筑的屋顶呈弧形,就像回廊的穹顶,它是木结构的。整座建筑外观是由石材建造的,而非抹灰,这是帕拉第奥建筑设计的特点。

注:原文为Palazzo Porta,疑为梁思成先生笔误,所描述建筑应为波尔托·布雷甘泽府邸。

波尔托·布雷甘泽府邸　　(Palazzo Porto Breganze),维琴察

波尔托·布雷甘泽府邸位于维琴察。地窖是粗石饰面,平拱窗,窗户上方的半圆拱上方附有浮雕。第二层的立柱采用的是爱奥尼柱式。山形墙内镶嵌着窗户,檐部遭到破坏。阁楼位于立面的终端。

神职人员大厦　　(Palazzo Chiericati),维琴察

神职人员大厦位于维琴察,双层立柱,采用多立

克柱式与爱奥尼柱式。两端为开放的门廊。第二层窗户上方的山形墙上倾斜的雕塑可以追溯到米开朗琪罗为美第奇家族设计建造的墓碑。

瓦尔马拉纳府邸 (Palazzo Valmarana),维琴察

瓦尔马拉纳府邸的柱廊,融合了正方形壁柱和柱式,直达阁楼。尽头最末端的壁柱可以忽略不计,浮雕上方采用雕塑。

巴尔巴拉诺府邸 (Palazzo Porto Barbarano),维琴察

巴尔巴拉诺府邸的第一层为爱奥尼柱式,第二层为混合柱式,附墙柱。拐角处采用如图的设计建造方式。

卡皮塔尼阿托敞廊 (Loggia del Capitaniato),维琴察

卡皮塔尼阿托敞廊未完工。如果完工,它将成为帕拉第奥的作品中工程最为浩大的一个。混合式柱式。

卡普拉别墅 (Villa Capra),维琴察附近

卡普拉别墅又称圆厅别墅(La Rotonda)。别墅位于维琴察城外。建筑平面呈正方形,四面均设有爱奥尼柱廊,柱廊上方为山形墙。中心为带穹窿的大厅,从外部看,弧度较小,穹顶较低。整体

而言呈四坡屋顶，看起来并不十分美观。

圣乔治大教堂 (San Giorgio Maggiore)，威尼斯

在威尼斯，帕拉第奥设计建造了两处教堂。圣乔治大教堂拥有上乘的建筑比例，但是整体色调偏冷，特别是与威尼斯其他建筑相比较之后。他尝试着用正立面表达剖面图，即经典的立面。两个柱式高度不同，较大的立柱耸立在基座之上。平面为拉丁十字。

救世主教堂 (IL of the Redentore)，威尼斯

救世主教堂的平面图呈拉丁十字，没有侧廊。柱式在同一平面，但高度不同。与圣乔治大教堂相比，该教堂的设计建造手法并不算成功。

奥林匹克剧场 (Teatro Olimpico)，维琴察

奥林匹克剧场位于维琴察，为维琴察的奥林匹克艺术学院上演经典戏剧作品而建，在帕拉第奥去世之前已经动工。帕拉第奥在基础建造方案中采用椭圆形来取代圆形，剧场席区的排次分布很像希腊、罗马的剧院，舞台布景采取的是木头与灰泥。门向街道敞开。内部建筑合乎比例，从平面图看，立柱呈椭圆形。

第二十五课:1月12日,1926年

在这一时期,热那亚以盛产宫廷建筑而闻名。

热那亚大学大厦 (Palazzo dell'Università Genoa),热那亚

这座建筑由巴尔托洛梅奥·比安科(Bartolommeo Bianco)设计建造。热那亚城市不平的地势为建筑连续起伏的高度创造了条件。从远景看,整座建筑是倾斜的,这也是建筑的成功之处。从建筑外观看,并不十分吸引人。除了檐口和门道,其余部分没有设计图样。

卡里尼亚诺圣母教堂 (S.Maria in Carignano),热那亚

卡里尼亚诺圣母教堂由加莱亚佐·阿莱西(Galeazzo Alessi)设计建造,建筑平面图与布拉曼特为圣彼得大教堂绘制的设计方案相似。

佛罗伦萨的建筑在这一时期并非十分突出,最具代表性的仅有由巴尔托洛梅奥·阿曼纳蒂设计建造的皮蒂宫花园的外立面。

巴洛克时期,1600—1700

巴洛克时期相较于正统的古典主义时期,在建筑比例方面,则是另一个极端。采用曲线,忽略柱式。立柱为螺旋状柱身。双曲线条的山形墙,中断的三角楣饰,由内向外翻。在立面图中采用曲线构图。拱廊由许多中断的曲线构成。窗户的形状像三叶草。墙角附以涡卷形饰,过分雕琢。

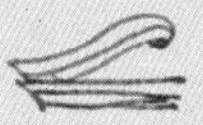

人像雕塑的衣纹皱褶雕刻精美,人像形态颇具戏剧性。任何一样东西都在试图表达一种变化多端。人像雕塑不放在建筑框架内,所以经常会有雕塑从建筑上掉下来。装饰的比重过大。

建材方面继续采用灰泥,因为这种材质更容易雕琢出曲线。用石膏画效仿石头效果等。采用镀金和金属绘画。最让人感到失败的一个典型案例便是耶稣会教堂。教堂风格备受指责。这便是最近的巴洛克复兴。

卡洛·马代尔诺(Carlo Maderno), 1556—1629

圣彼得大教堂 (St.Peter's),罗马

卡洛·马代尔诺参与设计了圣彼得大教堂,这对他而言非常重要。他通过增加前开间,将平面图改为拉丁十字。马代尔诺

还设计了门廊和立面。

洛伦佐·贝尔尼尼(Bernini Lorenzo), 1598—1680

圣彼得大教堂柱廊　(Collonade S.peters), 罗马

柱廊顶端的雕塑颇具戏剧性, 柱廊并不具备时代特征。

罗马梵蒂冈宫教皇大台阶　(Scala Regia,Vatican), 梵蒂冈

两墙之间是长而狭窄的楼梯。越往上走台阶越窄, 使得阶梯显得更雄伟。

巴尔达萨雷·隆盖纳(Baldassare Longhena), 1598—1682

圣母安康教堂　(S.Maria Della Salute), 威尼斯

圣母安康教堂是因当地的一场瘟疫而建, 是这一时代最成功的作品。建筑平面呈八角形, 上方覆盖大穹顶。教堂后部的圣坛上方覆盖着较小的穹顶, 为大穹顶的一半面积。建筑前后的大小两个穹顶, 看起来并不是十分一致, 但是在此处却显得恰如其分。涡卷形饰被用

作扶壁支撑穹顶，而外界认为这样过于沉重。

佩萨罗府邸 (Palazzo Pesaro)，威尼斯

建筑从桑索维诺奠定的府邸类型中受益颇深。建筑采用自由直立的立柱。

雷佐尼科宫 (Palazzo Rezzonico)，威尼斯

建筑也受桑索维诺古典主义的影响。

18世纪

本时期抵制巴洛克风格，实际上是帕拉第奥建筑风格的回归。建筑整体并不丑陋，比例协调，但是缺乏灵感，生硬、机械。

卡塞塔皇宫 (Palace at Caserta)，那不勒斯附近

由路易吉·万维泰利设计建造，离那不勒斯不远。平面图呈正方形，每边边长800英尺（约243.8米），被平均分成四个小

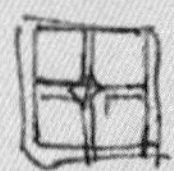

方庭。走廊居中，呈八角形，附有大型楼梯。建筑简洁的平面和立面更趋向新古典主义。

新翼陈列室　　　(Braccio Nuovo),梵蒂冈

建筑位于梵蒂冈。建筑师是拉法埃莱·斯特恩(Raffaele Stern)。新翼陈列室被用作雕塑画廊,非常有趣的是雕塑都镶嵌在建筑内。

第二十六课:2月8日,1926年

法国文艺复兴时期

法国的"黄金时期"是在1180—1223年,菲利普·奥古斯都(Philippe Auguste)统治时期。路易八世继承了他的王位。十字军时期正是法国兴建大教堂时期,这让法国奠定了其在欧洲知识分子圈中的影响力,巴黎大学举世闻名。

1337—1453年,在经历了"百年战争"之后,随之而来的是大萧条。英格兰在法国几乎丧失所有领地。法国国王有名无实,圣女贞德终结了这一时代。1429年查理七世加冕称帝。

1461—1483年,路易十一成为中世纪最后一位国王。在中世纪末,法国的民族意识觉醒,王权更加集中,国王成为真正的政府首脑。

百年战争之后,贸易复苏。资本家如鱼得水,占据主导地位。古典主义研究开始复兴。

哥特式建筑的消逝　　哥特式建筑放弃了原有的传统,虽然缺乏生命力,但自身存在的问题得到了解决。把精力放在装饰线条的独创性上，显得灵巧、精致，而不再一味地迎合当下要求。教堂丧失了原有的权威，不再需要军事建筑。城堡成为这一时期的主要建筑。

意大利的灵感　　新风格的灵感来自意大利，与意大利有着千丝万缕的联系。

意大利的战役　　法国卷入了意大利的战争。查理八世加冕那不勒斯王国国王。1495年，查理八世赴意大利，途经北方到达那不勒斯。彼时，意大利文艺复兴运动正如火如荼。在路易十二征服米兰后，接着是弗朗索瓦一世和亨利二世时期。这段时期人们看到的意大利建筑呈现出一种新的风格，随后法国贵族如法炮制。

婚姻　　法兰西国王与意大利公主通婚是另一个原因。美第奇家族的两位公主，卡特琳（Catherine de'Medici）嫁给亨利二世，玛利（Maria de'Medici）嫁给亨利四世。

学徒　　　　　　　在罗马建立法兰西学院(French Academy in Rome)。路易十六统治时期，法国艺术家赴意大利学习。意大利的艺术家来到法国。

对比　　　　　　　对于古典建筑，法国所拥有的第一手材料很少。法国的遗迹很少。他们从意大利汲取灵感。两国的建筑平面设计图完全不同。法国人诠释每一个建筑元素——有秩序的同时又不拘一格。很多楼梯呈圆形或多边形螺旋上升，屋顶高且陡峭，这样的房屋使烟囱应运而生。高耸的屋顶使得屋檐下拥有足够的空间，因此有了屋顶窗。

意大利的建筑在同一屋檐下，讲究的是对立的、对称的。屋顶很低，烟囱也很低，没有屋顶窗。在外部看来，没有任何内部布局的表达。

建筑结构对比　　　法国采用哥特式建筑手法，石头主要被用来建造建筑物的立面，而意大利建筑较为表面化。在意大利，建筑更加平民化、大众化。在法国，建筑大多是迎合贵族所需。

法国人对待文艺复兴就好比意大利人眼中的哥特式建筑，仅仅停留在形式，并没有真正理解。

第二十七课:2月9日, 1926年

信息的来源

法国没有像瓦萨里那样的人,没有综合的信息,学生们因无法非常清楚地习得前几个时期的历史而感到困惑。不像意大利城市那样留存有民间的档案。

有一批资料记录了与国王有关的建筑以及一些建筑细节。

在杜·塞尔索(Du Cerceau)撰写的一本书中提供了大量有价值的信息。

在将建筑趋势都归功于意大利人以前,莱昂·帕吕斯特(Léon Palustre)更多地将其归功于法国人,他是第一位使用"建筑师"这个名称的人。他认为意大利人仅仅擅长装饰,他被一腔热忱冲昏了头脑。

布朗菲尔德对文献进行了深入研究,并未从工匠中找到设计建筑的人。因此他得出结论:王公贵族对他们所下令建造的建筑的设计负有责任。

杜·塞尔索则认为国王和贵族们虽然精通建筑,但不可能都是建筑师。那些早年的建筑构造颇为随意。

在法国的意大利人

弗朗切斯科·劳拉娜 (Francesco Laurana)

文献记载他于1460年至1467年在安茹(Anjou)的勒内(René)的宫廷供职。

信件

在已公开的查理八世的信件中提到乔瓦尼·焦孔多修道士,他曾受到资助建造圣母院桥(Pont Notre Dame)。在同一封信中还提到多米尼克·德·科尔托内(Dominique de Cortone,绰号红胡子)。信中提到他1530年为宫廷服务,宫廷出资让他建造模型。他在布卢瓦有房子,奉命设计巴黎市政厅(Hotel de Ville, Paris),这是在法国唯一一处被证实出自意大利人之手的建筑。贾斯托(Justo)于16世纪早期从事建筑设计工作,位于图尔市圣加蒂安教堂(The Tours Cathedral)的查理八世之子的大理石坟墓据说由他参与完成。

枫丹白露宫

(Château de Fontainebleau),枫丹白露这是一座由法国人雇佣意大利人修筑的建筑,"红头发捣蛋鬼"(原名Giovanni Battista di Jacopo,乔瓦尼·巴蒂斯塔·迪·雅各布)受雇负责监管施工建造。普里马蒂乔(Francesco Primaticcio)负责女王寝宫涂抹灰泥的工作。布朗菲尔德认为,塞利奥设计了漂亮烟囱的一翼(Aile dela Belle Cheminee)。此外,还包括为枢机主教建造的大费拉尔宫(Ferrare),仅有一处入口保留了下来。

学派　　法国建筑没有划分学派,尽管如此,偶尔也会被作如下划分。

卢瓦尔学派　　(School of Loire)

轻巧、别具一格,装饰优雅与精美。例如:布卢瓦府邸、尚博尔府邸、图尔庄园。

枫丹白露学派　　(School of Fontainebleau)

简洁,缺少装饰。例如:圣热尔曼府邸(Château of St.Germain-en-Laye),1540年出自杰出的石匠皮埃尔·尚比热(Pierre Chambiges)之手。

勃艮第学派　　(School of Burgundy)

大幅度的削减细节。装饰时常不成比例,独创的、充满力量的。例如：位于桑斯(Sens)的大主教官邸。

法国南部学派　　(School of South of France)

规模宏大，过分夸张。比如：皮埃尔故居(Maison de Pierre)、图卢兹(Toulouse)的石房。从有些细节可以看出受到罗马学派的启发。布纳泽尔(Bournazel)的设计特点与罗马学派非常相似。

海岸学派　　(School on the Coast)

居于南方与卢瓦尔之间的地带。例如：位于弗朗什·孔泰的市政厅。

建造　　在中世纪时期，很少使用砖块建造房屋。文艺复兴时期，砖块被用作建材，砖石混用，没有使用（砖石）铺面。砖石混用的建造方式出现在哥特式建筑中。

文艺复兴早期，石头营造已经非常完善，它早在中世纪就被运用于实践，随后出现了粗加工。壁柱带有凹槽，沿用拱顶直至16世纪中期。又高又陡的屋顶上采用木工手艺，怪兽状滴水嘴在一段时间内仍被采用。

下页图为枫丹白露宫立面图

ELEVATION

1

ENTRANCE TO COUR HENRI IV.

FONTAINEBLEAU.

FROM "Palais de FONTAINEBLEAU"

枫丹白露宫，摄影师：未知，瑞典国家科学技术博物

第二十八课:2 月15 日, 1926 年

瓦卢瓦王朝(House of Valois)

查理八世与路易十二时期(过渡时期)

查理八世是第一位对意大利挑起战争的法国国王。他攻占那不勒斯,并加冕为那不勒斯王国国王。

他是路易十一的儿子,是瓦卢瓦嫡系的最后一位国王,娶布列塔尼的安妮为妻,查理八世在位时间是 1483 年至 1498 年。

路易十二继承了查理八世的王位,他是查理八世的堂兄。他先是与查理八世的遗孀结婚,在布列塔尼的安妮去世后,他又娶了英格兰国王亨利八世的妹妹玛丽·都铎为妻。路易十二的徽章图案是一只豪猪。他经常使用徽章与花押字签约。

形式

查理八世从昂布瓦兹(法国中西部城镇)带回一批工人。建筑融合了法国的火焰式风格与文艺复兴的伦巴第风格。哥特式建筑物细节之处仍旧不难看出文艺复兴的特点。建设者为法国人,装饰师为意大利人。

建材　　　　　　　　砖石混用。砖组合成各种有趣图案，因此样式非常有趣。此外还有马略尔卡陶器和燧石。屋顶是由瓷砖、瓦片和墙面板构成，屋顶上是采光亭。

结构　　　　　　　　从中世纪起，平面规划图就没有太大的改变。建造多是在哥特式基础之上。

布卢瓦府邸路易十二的侧翼　　　　(Louis'wing at Blois)，布卢瓦

它又被称为东侧翼，采用砖石建造。石头用作墙角砖来修葺拐角处和窗户。隅石块在形状和空间上是不规则的。装饰风格融入了文艺复兴元素。

加永府邸　　　　　　(Château de Gaillon)，加永

加永府邸由乔治·德昂布瓦斯(Georges d'Amboise)枢机主教和鲁昂大主教雇佣部分意大利工匠建造，他是国王查理和路易时期的首相。建筑的一些地方借鉴了过去的宫殿设计，采用哥特式建筑的地基。建筑在大革命（指"法国大革命"）中遭到损毁，碎片藏于巴黎美术学院(Ecole des Beaux-Arts)。史料从杜·塞尔索那里得知。

市政厅 (Hotel de Ville),奥尔良

市政厅位于奥尔良,由维亚尔(Viart)设计建造,建筑大量使用砖块。

内部:屋顶形态各异,由帆拱支撑着穹顶。拱顶石向下延伸,雕刻十分精细,筒形拱顶为木制。最常见的形式是拥有裸露在外的木制横梁,由沉重的大梁支撑,以便分解横梁的跨度。吊顶有镶板。地板铺设石板材或瓷砖。墙面通常由挂毯装饰,在某种特定的情况下,会使用到木制镶板。只有重要的房间安装着窗户,也有时采用亚麻布纸和油纸。

没有充足的证据证明其是教会的建筑。

弗朗索瓦一世(Francis the First)时期的风格

弗朗索瓦一世 (Francis the First)

弗朗索瓦一世的徽章正中是一只火蜥蜴,四周由火焰包围,火从蜥蜴的口中喷出。弗朗索瓦一世在法国繁荣时期继承王位,他是位精力充沛的君主,认同文艺复兴文化。他重新掀起意大利战争,与西班牙的查理五世争夺德意志的王位,最终以失败告终,被俘之后关在马德里。

他是一位不知疲倦的建设者,但是缺少坚定的目标。

方案

弗朗索瓦一世时期的建筑平面图没有太多改变，哥特式建筑的平面图，继续建造护城河与吊桥，更加讲究对称。比如马德里府邸(Château de Madrid)和尚博尔府邸(Château de Chambord)，阶梯仍旧呈螺旋形上升，但是并非总是高高耸立的。直梯非常普遍，出现了凉亭。屋顶高高耸起，有时是立面一半的高度。有时屋顶是平的，形成一处屋顶平台。烟囱和门均设计精细。大体轮廓仍旧延续哥特式建筑。拐角柱上为顶尖饰，扶壁的地方有卷轴装饰。窗户是方头的，普遍由靠近顶端的竖框与横梁隔开。大部分是从下到上，一扇窗户接着一扇窗户。窗户的外框为半露的方柱，并未沿袭柱顶部经典的比例。檐口作为上方窗户的窗台。在法国，他们希望窗户越大越好。装饰线条经常呈哥特式风格，顶端呈科林斯式的艺术风格。弗朗索瓦一世几乎在每一件东西上使用他的交织字母图案，柱式上经常使用枝状大烛台装饰。在许多建筑物中，窗间距并不规则（例如：布卢瓦城堡）。

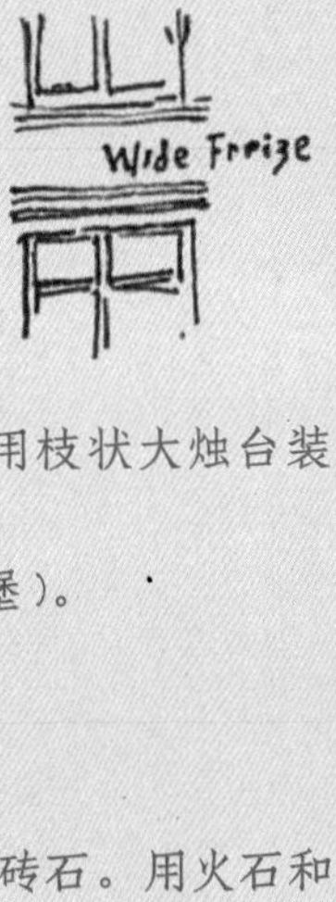

建材

建材方面仍旧用同样的方式使用砖石。用火石和板岩作为镶嵌材料。此外，还使用上过釉的陶瓦，其中一部分来自意大利。

布卢瓦城堡北翼　(Blois North Wing)，布卢瓦

弗朗索瓦一世时期的布卢瓦城堡的北翼，楼梯设计得十分精致，具有不规则的窗间距，楼梯和立面缺少联系。檐口是哥特式风格，有滴水嘴。在平面图中，楼梯呈八角形螺旋上升，直冲云霄。穹顶以下角落里是哥特式扶壁，装饰着雕塑，沿用筒形拱顶。最顶层是露天长廊，屋顶由立柱支持，不知是谁设计的。这一时期"红胡子"在布卢瓦有自己的房屋，具体他做了什么并不知晓。泥瓦匠来自腓利比(Philippi)，但是未必参与设计。

下页图为布卢瓦城堡透视图

CHÂTEAU DE BLOIS

—FLETCHER'S - History of Architecture.

(302)

第二十九课:2 月16 日, 1926 年

尚博尔府邸 (Château de Chambord),都兰

尚博尔府邸是为弗朗索瓦一世设计建造,位于都兰(Touraine),中心在图尔(Tours),距布卢瓦不远。账目显示经费以某种方式支付给了"红胡子"。

这是一处在丛林中专门为狩猎建造的行宫。从平面图看,建筑具有中世纪特征,但是却是对称的,呈方形,四角矗立着四座塔楼。内部布局井然有序,每一个角落均有一间房屋。(从中心到四边)呈四臂长度相等的希腊十字,上方呈椭圆形拱顶,双行螺旋楼梯通向大厅中部。外部与布卢瓦府邸属于同一类型。窗户从下到上,一扇接着一扇,外框为半露的方柱。檐口作为窗台。建筑下半部分显得比较朴素。屋顶别具一格,在森林中,隐约可见。屋顶下方,较大的房屋前面有阳台。塔式建筑的屋顶呈圆锥形,有些屋顶有两层楼高,烟囱建造精致。楼梯上方的灯也非常细致,镶嵌有石板。

p303,都兰尚博尔府邸透视图
p304,都兰尚博尔府邸天窗立面图

CHATEAU DE CHAMBORD

(1)

From "FLETCHER'S"

DORMER-WINDOW
CHATEAU DE CHAMBORD

枫丹白露宫　　(Château de Fontainebleau), 枫丹白露

枫丹白露宫的平面是不规则的，备受争议。庭院是椭圆形。大部分归弗朗索瓦一世所有，此外还有弗朗索瓦一世的镜廊，192 英尺（约 58.5 米）长，与入口处的庭院（白马庭院，Cour de Cheval Blanc）相连。

漂亮壁炉的侧翼　　(Wing of the Beautiful Fireplace)

布朗菲尔德认为它出自意大利人之手。枫丹白露宫的风格庄严肃穆，所用的石材均不适合雕刻，没有雕刻装饰。两层楼，配有高耸的屋顶，朴素的烟囱和屋顶窗。壁柱起分隔作用，有时采用隅石块来分隔。壁柱之间有间距，并涂以灰泥。建筑内部受到意大利的影响。伊尔·罗索(Il Rosso)负责灰泥涂抹的工作。

圣热尔曼府邸　　(Château of St.Germain-en-Laye), 巴黎

圣热尔曼府邸在巴黎附近，最初是一座哥特式城堡。有一座圣路易斯(Saint Louis, 即路易九世‹Louis IX›)拥有的哥特式小教堂。在与英格兰的战争中，哥特式建筑风格遭到极大的破坏。建筑围绕着一处不规则的五边形庭院，独特之处在于它的平屋顶，铺设在

拱顶之上，由拱顶支持，由扶壁和横拉杆支撑起的推力。扶壁由上方的拱顶相连。角落里是砖块垒起来的细长壁柱，摆放许多骨灰瓮。墙间隔或是涂以灰泥，或是石头制成。非常强调垂直线，装饰很少。

马德里府邸　　(Château de Madrid)，巴黎

马德里府邸同属弗朗索瓦一世所有，位于离巴黎不远处的布洛涅森林。建筑师是意大利人吉罗拉莫·德拉·罗比亚(Girolamo della Robbia)，他至少负责了彩陶雕塑。在设计图上该建筑占据两块方形街区，由角落里的塔楼将其连为一体。每一间均为四坡屋顶。建筑共有四层高，一二层有拱廊，顶部两层有半露壁柱。赤陶装饰。

莫雷公馆　　(Villa at Moret)，巴黎

莫雷公馆立面矗立在塞纳河岸边。建筑采用斜向轴。

阿宰勒里多府邸　　(Château of Azay le Rideau)，阿宰勒里多

这是一处私人城堡，拐角处为圆塔，楼梯为直梯，屋顶为颇具文艺复兴元素细节的平拱。

舍农索府邸 (Château de Chenonceaux),图尔

舍农索府邸位于谢纳河上,由桥连接河岸。从总体方案看,宽敞的走廊两侧均是房间。比起其他任何一处国王的府邸,该建筑的工艺显得更加精细。后来这座府邸归卡特琳·美第奇所有。

第三十课:2月23日,1926年

弗朗索瓦一世室内风格

屋顶仍旧延续哥特式建筑的传统——半圆形的、弯梁的,比如布卢瓦府邸和尚博尔府邸。拱顶上铺盖着石板,比如阿宰勒里多府邸。最常见的屋顶是开放式横梁,房间由大梁隔开,这些屋顶装饰精美,横梁时有彩绘图案。从表面上看,经常使用镀金的石膏,板材吊顶。

壁炉架非常大,排风罩延伸至屋顶,装饰华丽。在排风罩上经常能够看到建造者的徽章。布卢瓦的徽章上是火蜥蜴图案。

门嵌在一块较小的镶板中,呈哥特式风格,用布褶纹式雕饰,也时常用阿拉伯式花纹做装饰,这也同样是建筑的特征。

教会的建筑

随着封建主义的转瞬即逝,防御性建筑变得越来越不重要,但是教堂的风格却没有太大改变。平面和立面保持一致,仍旧延续哥特式风格。即使是采用古典风格,也仅限于形式——一座教堂披着哥特式风格的"外衣",细节均采纳文艺复兴风格。法国人对待文艺复兴的态度正如意大利人对待哥特式风格。这不是一个建造教会建筑的时代。

圣尤斯塔修斯教堂　(S.Eustache),巴黎

在巴黎,最著名的一处教堂便是圣尤斯塔修斯教堂。设计师不详。建筑的立面和原建筑的一处开间遭到损毁。教堂有五条廊道(一座中殿和四条侧廊),两侧是小礼拜堂。规模仅次于巴黎圣母院(Cathedrale Notre Dame de Paris),在巴黎属于第二大教堂。内部侧廊与外部侧廊几乎同等高。从原则上讲,这座教堂的任何一处无不体现着哥特式教堂的特点,无论是从布局还是平面,但是柱式用于装饰,忽略比例关系。用佛罗伦萨风格的三瓣形花来装饰拱廊。花式窗格是一种经过装饰的火焰图案。在某种程度上,品位不高,但是其内饰使人印象深刻。整体风格天真质朴,但是并不合乎逻辑。

圣米迦勒教堂　(S.Michel),第戎

圣米迦勒教堂立面属于这一时期。凹进去的拱门,为其披上了文艺复兴风格的"外衣"。

圣皮埃尔教堂　(Church of Saint-Pierre),卡昂

教堂中的半圆形殿堂,装饰精美,具有椭圆形的

拱顶。圣母堂上方有小阁楼，阁楼上是小圆窗，窗顶上方是矮护墙。

乔治·德昂布瓦斯的坟墓 (Tomb of George d'Amboise)，鲁昂

乔治·德昂布瓦斯的坟墓在鲁昂大教堂(Rouen Cathedral)内，归功于卢兰·勒鲁(Rouland le Rou)，包括一个碑座，由逝者和他的侄子资助。华盖上方是呈跪姿的人像。

第三十一课:3月1日,1926年

亨利二世时期,1547—1559

亨利二世的风格
1547—1559

这一时期也包括弗朗索瓦二世(1559—1560)、查理九世(1560—1574)和亨利三世(1574—1589)。这一时期被称为卡特琳时期。亨利二世是弗朗索瓦一世的儿子。他非常引人瞩目,体格健壮,但并非非常有智慧。14岁时,他娶意大利公主卡特琳·德·美第奇(Catherine de'Medici)为妻。建筑物的标记是" "或是" "。亨利二世并不是很爱卡特琳,相比之下,他受到他的情妇迪亚娜(Diane de Pointiers)的影响更大。

在他统治时期,意大利宣布投降。法国王国的实力得到增强。

尽管遭到起诉,胡格诺派教徒在数量上是增加的。亨利二世在一次锦标赛中被暗杀,之后由他的儿子弗朗索瓦二世继位,时年16岁,娶了玛丽·斯图亚特(Mary Stewart)为妻。1560年,在位一年的弗朗索瓦二世就离开了人世,卡特琳把摄政权交给查理九世。亨利三世王朝时期,内战频发,几乎呈现出无政府状态。

在查理九世遭到暗杀之后几天，卡特琳去世了。6个月之后亨利三世被暗杀。

意大利人的影响　　弗朗索瓦一世建立的学派非常有影响力，意大利人对这一学派产生了深远的影响，建筑师被派往意大利学习。意大利人重视文化，在文学作品中出现了意大利范式。

王权归天主教所有，拥护教皇，联系了罗马与教皇的从属关系。

尽管受到意大利人的影响，但是拥有了建筑方面的自我意识。

出现了富有现代感的建筑师，他们主要从事设计与建造。

特点

平面　　平面大多是规则的、对称的方形庭廊。在这一时期末，房屋更加坚固，沿矩形庭院而建，每个建筑单元均由主体建筑、走廊和凉亭组成。主体建筑不像意大利的建筑为四个面，一般只有三面，第四个面连接一层楼高的走廊，附有阳台。主体建筑有地窖，共两层，一层上面有顶棚。凉亭居于角落里，有时则在立面中心。平面是正方形的，立面上略微凸出，上方有稍稍凸出的阁楼。

柱式　　　　　　　　更多地使用了柱式。除五大柱式外，还使用其他的柱式。粗琢的爱奥尼柱式，由德洛尔姆(Philibert de L'Orme)发明。

在这一时期，传统的比例付诸实践，在末期采用了巨大的柱式。在法国，由于大窗户的缘故，巨大的柱式显得更加适合。在某些情况下，则可以忽视柱式，有时与建筑的高度不一致。

立面图　　　　　　　立面更加地垂直，有着曲线轮廓的高高顶棚。檐口比意大利建筑显得更加重要，装饰线条的轮廓更加古典，颜色并不丰富。没有采用（意大利产的）花饰（上釉）陶器和砖块。雕塑显得更加厚重。

建筑师

皮埃尔·莱斯科　　　(Pierre Lescot),1500—1578

皮埃尔·莱斯科，记载他的生平的资料很少，据说他不擅长读书，精于绘画、音乐和建筑。

让·古戎　　(Jean Goujon), 1515—1568

让·古戎，第一次听说他是在鲁昂，那里的风琴席很多由他设计。推测圣马克卢教堂(S.Maclou)的一些门由他设计建造。

在鲁昂大教堂内的布雷泽纪念碑也是由他设计建造的。

他还设计了名为"无辜者之泉"的浮雕作品，现在喷泉的样子并非如最原初的设计。

圣坛屏，或称巴黎圣日耳曼奥塞尔教堂(Saint-Germain L'Auxer-rois)中的十字架围屏，由古戎和莱斯科联合设计。

卢浮宫　　(Louvre)，巴黎

卢浮宫的建造过程好像文艺复兴时期法国的一场实况转播。

1527年，老卢浮宫被推翻。1543年竞标重新修建，意大利人塞巴斯蒂亚诺·塞利奥接受皮埃尔·莱斯科的设计方案，在弗朗索瓦一世的督导下，于1546年动工。除了亨利二世，弗朗索瓦二世和亨利三世也任命莱斯科为建筑师。

规划方案为正方形庭院，边长175英尺(约53.3米)。关于老卢浮宫的规模，主体建筑居于西侧，门在东侧。第一层仅仅是小小的转弯 L 。立面因略微凸出的凉亭而遭到破坏，是一种全新的处理方式。雕塑师为古戎。

卡纳瓦莱府邸 (Hotel Carnavalet),巴黎

注:根据《弗莱彻建筑史》记载,卡纳瓦莱府邸"主楼"后部庭院的立面由莱斯科设计,其中的浮雕饰板是仿古戎的雕刻。

该建筑由古戎设计。如今它是巴黎历史博物馆。

瓦卢瓦礼拜堂 (Chapel of Valois),圣丹尼

圣丹尼教堂,法兰西帝王陵园,被多次修缮添建,并未彻底建造完成。

在18世纪因战争被毁,石棺上有精美雕刻。

卢浮宫，摄影师：未知，摄影时间：1880—1890，荷兰国立博物馆

第三十二课:3月8日, 1926年

菲利贝尔·德洛尔姆　(Philibert de l'Orme), 1515—1570

德洛尔姆生于里昂，父亲是一位承包商。他受教皇之命，去了罗马，于1536年回到里昂。他到巴黎的时间不详，曾受命在布列塔尼（半岛）督导房屋与防御工事的建造。

位于拉罗谢尔(La Rochelle)的亨利二世府邸很可能出自德洛尔姆之手。亨利二世继承王位之后率先采取的行动中，首先就是委任菲利贝尔·德洛尔姆为国王御用建筑师和皇家建筑的巡视员，但他不受欢迎，建造设计的重要建筑很少。他建造完成了枫丹白露宫的舞厅，建筑属于弗朗索瓦一世，内部建筑也属于这一时期。他的另一件作品是位于贡比涅的小教堂的门(Porte Chapelle, Compiegne)。

阿内府邸　(Château d'Anet), 阿内

1552年，德洛尔姆受命修建该建筑。主建筑围绕庭院的三边而建，庭院的第四边是较低的屏障，在这之上是女神雕塑。女神雕塑如今在卢浮宫。庭院的右边是小教堂，圆形穹顶，这是法国文艺复

兴早期的穹顶。每一边都附属于庭院，与老的建筑融为一体，如今大多数已被损毁。主要的凉亭在巴黎美术学院的庭院中。

1559 年，亨利二世去世。卡特琳迫使德洛尔姆改建舍农索府邸。他受雇于舍农索，并为那里设计了一处入口，但是没有实现。此外，还设计了桥上方的宴会厅。德洛尔姆被解雇后，开始从事写作。

土伊勒里宫　(Palais des Tuileries)，巴黎

1564 年，巴黎附近一处制造瓷砖、瓦片的地方被买下，最初的想法是将其改造成庭院和花园，但是只有部分实现，如今称它为土伊勒里宫。它是一处较矮的建筑。设计总方案是一处大的庭院，每一边有两个椭圆形庭院，但仅有中心区域得以实现。在这座建筑的设计中，德洛尔姆使用了"法国柱式"。建筑有连拱柱廊的高屋顶和屋顶窗。伯纳德·帕利西(Bernard Pallissy)设计了花园，他以制作陶器而著名。

德洛尔姆决定沿着塞纳河建造一条连接卢浮宫和土伊勒里宫的长廊。他从一翼开始动工，长廊被称作"花廊"，垂直于塞纳河之上。大型长廊部分完工。

土伊勒里宫,摄影师: Ernest Eléonor Pierre Lamg,摄影时间: 1855-1871,荷兰国立博物馆

土伊勒里宫，摄影师：Ernest Eléonor Pierre Lamg，摄影时间：1855—1871，荷兰国立博物馆

让·比朗　　(Jean Bullant),约 1520—1578

对让·比朗早年生平知之甚少,他是一位石匠,曾在罗马做学徒。他的主要贡献是对五种柱式的表现形式的运用。

尚蒂伊小府邸　　(Petit Château Chantilly),巴黎

尚蒂伊小府邸采用巨柱式,柱式顶部被窗户分隔,非常有活力,亮部和阴影形成了鲜明的对比。

埃库昂府邸　　(the Château d'Ecouen),巴黎

在庭院的两侧有两扇大门,均采用巨柱式。其中一个休息亭侧面的壁龛原本用来安放米开朗琪罗的作品《濒死和反叛的奴隶》。

土伊勒里宫　　(Palais des Tuileries),巴黎

菲利贝尔·德洛尔姆去世之后,让·比朗被委派建造土伊勒里宫。建筑立面延伸至河边,两层楼高,有阁楼,采用普通柱式。

苏瓦松府邸　　(Hotel de Soissons),巴黎

建筑仅有部分留存下来。

阿内陵墓　　(Anet Mausoleum),阿内

由于让·比朗有过相似的设计作品,所以推测阿内陵墓也是由他设计的。

尼古拉·巴舍利耶(Nicholas Bachelier),1487—1550

阿塞扎府邸　　(Hotel d'Assezat),图卢兹

阿塞扎公馆是这一时期城市房屋的典范。方案显示,建筑中开放的凉亭附有一小层,砖石构造,穿越前方是屏障。长廊在托臂上。建筑下方的两层附有尖拱廊,内部是方头窗户。

皮埃尔故居　　(Maison de Pierre),图卢兹

建筑具有多边形拱,侧重装饰。

尚贝朗府邸　　(Hotel Chambellan),第戎

设计师是于格·桑班(Hugues Sambin)或艾蒂安·布吕厄(Etienne Bruhe),建筑极其侧重装饰。

第三十三课:3月9日, 1926年

波旁王朝(House of Bourbon)

亨利四世风格

亨利四世
(Henri IV)

亨利四世风格开创了一个崭新的时期。这一时期还包括路易十三在位时期。

亨利四世先是娶了瓦卢瓦-昂古莱姆王室的小女儿玛格丽特为妻,离婚后娶玛丽·德·美第奇为妻。亨利四世统治时期是法国历史上的转折点,他引入了社会的概念,在巴黎建立了政府,皇室人员很少留在首都。

古典研究在这一时期更受重视。据史料记载,维特鲁威的著作在意大利受到研究。新教徒或胡格诺派教徒倾向于宿命论——禁欲修行。

亨利本人亦是新教徒,但随后信奉了天主教。

法兰西学院(the French Academy)创立于1634年,创建之初的首要任务便是规范法国语言。

这个时期的建筑不再那么栩栩如生,但是变得更加有韵味和有秩序感,显得和谐统一。

亨利四世在他的堂兄亨利三世遇刺身亡之后，继承了王位。在他掌管大权时，法国处于无政府状态，于是他的首要工作就是改变这种状态。亨利四世成为深受人民信赖的君主。

1610 年，亨利四世被刺杀在巴黎街头。

路易十三
(Louis XIII)

他是亨利四世的儿子，继承王位时年仅 9 岁。他的母亲玛丽·德·美第奇成为摄政王。红衣主教黎塞留(Cardinal Richelieu)为首席大臣，带领国家走向强大。

在这一时期，法国也卷入三十年战争，经费匮乏。为了节约经费，采用砖块建造房屋，与白石形成了鲜明的对比。这或许受到处在同时期，被誉为"砖块之国"的荷兰的影响。禁欲主义或许也源自新教徒。

在法国人看来，建筑应该被作为一个国家的符号，他们为此寻觅逻辑，试图从外部来表达内部。

较明显的古典观念来自两个方面：罗马的天主教徒；新教徒修复和重建早期基督教教堂。

此外，还有弗兰芒人的影响(Flemish Influence)。在这一时期，鲁本斯(Peter Paul Rubens)来到法国，被聘任为宫廷画家。现在卢浮宫内，还有一间鲁本斯的房间，他在里面绘制玛丽·德·美第奇的生平。

方案　风格较上一时期仅有较小的改变。建筑在防御工事方面的用途逐渐减弱，保留了护城河，但是河里没有水，被当作低洼的花园。建筑保留了主体建筑的亭阁和独立式门亭。庭院的第四边用围栏取代了高墙。大多数房屋都是开放的。

房屋成排而列，一间接着一间，但是在一排房屋的尽头都有一些隐秘的趋向，有走廊，在街道上很少显露出来。房屋下面几层常常用来当商铺（都市住宅）。拱桥供马车通过。

除了纪念性工程和建筑的重要部分之外，很少使用柱式。建筑非常依赖墙角使用隅石块的砖墙，窗户四周的隅石块非常普遍地将其连接起来。总体而言，建筑或多或少会采用粗琢钟乳石。

每一个单元都有独立的屋顶，屋顶高耸，有时候从纵剖面图看呈曲线，也有芒萨尔式屋顶(Mansard roof)。

窗户变得更长，保留横楣和竖框，垂直的线条由链条相连，由隅石块装饰，也有牛眼窗的出现。

第三十四课:3月15日, 1926年

亨利四世风格

这一时期大部分建筑的源头并不确定。但是,却有两个重要的建筑家族,均曾受到委派设计建造长廊,即迪塞尔索和梅特佐(Métezeau)。

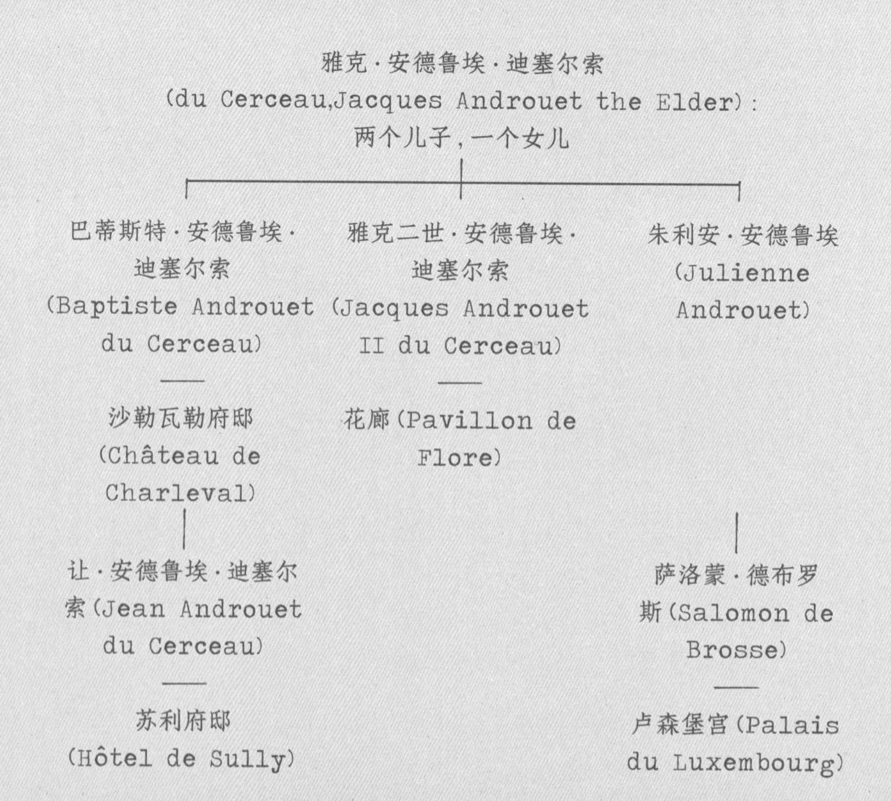

在枫丹白露宫另有三处建筑:

鹿廊 (the Gallerie des Cerfs)

鹿廊包围着皇后花园,砖石结构。

洗礼堂 (Baptistry)

洗礼堂位于椭圆庭院(Cour Ovale)的尽头。旧门被推翻。

办公庭院 (Cour des Offices)

办公庭院共一层,屋顶窗,较为重视凉亭的形式,墙面涂抹着灰泥。建筑有粗凿式、注重装饰、赤褐色砂石的檐口。

皇家广场 (Place Royal),巴黎

亨利四世关注城市发展,着手通过一个建筑方案来整治一个地区。他开始扩建皇家广场,如今被称作孚日广场(Place des Vosges)。在查理五世时期,这是一处府邸的旧址。卡特琳后来将其推翻。广场中心是一处大公园,环绕着公园有许多私人府邸。红砖白石。每一座屋舍都相对独立,从外部看又很统一。隅石环绕在窗户周围,由链

条相连，强调垂直感。起初为贵族的专属，随后成为法国文化名流的聚集处。维克多·雨果(Victor Hugo)曾住在那里。

沃盖府邸　(Hotel Vogüé)，第戎

这是一处私人的府邸，庭院内部有漂亮的拱廊。

圣司提反教堂　(S.Etienne du Mont)，巴黎

圣司提反教堂出自比阿尔之手，他曾经是一位雕塑家。这里有巴黎的教堂中唯一的祭坛圣屏。

三一礼拜堂　(Trinity Chapel)

三一礼拜堂在枫丹白露宫，非常注重细节，出自弗雷米内特(Freminet)之手。

萨洛蒙·德布罗斯　(De Brosse)，1571—1626

萨洛蒙·德布罗斯是雅克·安德鲁埃·迪塞尔索的外孙，他是否在意大利求过学，如今已经无从可考。萨洛蒙·德布罗斯后来成为皇后御用建筑师。

卢森堡宫　　(Palais du Luxembourg),巴黎

卢森堡宫是玛丽·德·美第奇的宫殿,德布罗斯被下令复制皮蒂宫。德布罗斯从皮蒂宫的建筑中汲取了灵感,但是看起来两座建筑并不相像,高耸的屋顶彻底改变了建筑的特点,大量使用粗面石工,建筑尺寸也很不同。建筑三边环绕庭院,第四边是低矮的长廊,中心是圆顶大门。主要建筑高三层,叠加的粗琢柱式。花园的设计也出自德布罗斯之手。

雅克·勒梅西埃　　(Jacques Lemercier),1580/1585—1654

勒梅西埃接替德布罗斯,成为国王的御用建筑师,同时也是黎塞留枢机主教的建筑师。1609年至1613年间,他在意大利。他参与了设计建造卢浮宫。

卢浮宫　　(Louvre),巴黎

黎塞留在担任总理期间,决定扩建卢浮宫。雅克·勒梅西埃主要负责庭院的扩建,将卢浮宫扩建为之前的四倍。在庭院中有一条线来标记过去的建筑。

皇宫　(Palais Royal)

雅克·勒梅西埃也参与了皇宫的建造，随后是主教宫(Palais Cardinal)，作了大量的改变。

楼梯　(Stairway)

迪塞尔索重新修建了枫丹白露宫的马蹄形楼梯(Horseshoe stairway)。

圣司提反教堂立面　(Facade St.Etienne de Mont)，巴黎

建筑师不详。建筑风格别具一格。

弗朗索瓦·芒萨尔　(Francois Mansart)，1598—1667

人们对弗朗索瓦·芒萨尔的出身和教育背景知之甚少，他跟随萨洛蒙·德布罗斯工作，是古典主义建筑的先驱。他研究系谱学，认为自己是国王的儿子，结果这些研究是徒劳的。

布卢瓦府邸的奥尔良之翼　(Blois Orlean Wing)，布卢瓦

这是为路易十三的弟弟设计建造的。设计使人联想起卢森堡宫。建筑跨越了路易十四时期。

第三十五课:3月16日, 1926年

路易十四
(太阳王)时期
(1661—1715)

他的徽章是一个太阳,交织字母。太阳时常被认为是国王的荣耀,寓意伟大的君主。路易十四统治长达72年,彼时的法国主宰欧洲大陆。在文学方面,那一时期先后出现了莫里哀(Molière)、拉辛(Jean Racine)、让·德·拉·方丹(Jean de la Fontaine)等作家。

路易十四在五岁时继承王位。(奥地利的)安妮(Anne of Austria)为摄政王,红衣主教马萨林(Mazarin)担任总理。直至1661年,路易十四才亲政。1680年预示着法国的衰落。南特敕令驱逐胡格诺教徒,这是一个富有侵略性的外交策略,不晓民生为"法国大革命"埋下伏笔。

这一时期,国家注重在艺术方面的直接影响,建立了家具制造厂,设计学院隶属于工厂。

1665年,重组法国皇家绘画暨雕刻学院(Royal Academy of Painting and Sculpture)和皇家建筑学会(Academy of Architecture)。1666年,建立法兰西罗马学院(French Academy in Rome)。

建筑理论方面的出版物颇丰。弗朗索瓦·布隆代尔(Francois Blondel)便属于这一时期,他是维特鲁威的继承人,希望建筑摆脱巴洛克式的建筑风格以及过分华丽和奢华的趋势。

克洛德·佩罗(Claude Perrault)的建筑论文也非常重要。他向布隆代尔的学院教学提出了质疑。他认为建筑之美有赖于一般原则和古典案例所占的比重,但是最终还是根据建筑师的品位和感觉。他认为要远离对考古的过度看重。

特点

由于古典主义精神的发展,民用建筑大放异彩。再加之这是一个无比浮华的时代,各种因素聚焦于凡尔赛,使之成为当时法国事实上的首都。

在这一时期末,风格更加趋于自由,用自由的风格抵制形式主义,更好地诠释了古典主义构图中的宏大和统一。

装饰

装饰方面从意大利和佛兰德斯汲取灵感,受意大利影响越来越大。帕拉第奥式建筑风格融合巴洛克风格。在建筑方面,趋向自由,但是又严格约束,融入了现代的元素。平顶梁隐藏在吊顶下方,壁炉隐藏在墙里面,更多地模仿了粉饰灰泥。用镀了金的金属零件来当作装饰,用彩色大理石嵌饰烟囱、墙壁和壁柱。

巴洛克风格倾向于圆形拐角，采用薄壳装饰顶部镶板上的涡卷，打破了固有的装饰线条，但是整体的建筑轮廓得以保留。

雕塑方面多采用人像雕塑，体格健硕，身体较为沉重，并且采用了狮子、鹰和狮身鹰首兽，用完整的叶片状轮廓，比如橡木、月桂、叶形装饰。这一时期，绘画从属于建筑。

勒潘特(Le Pantre)出版了建筑和装饰结构相关的书籍，具有很大的影响力。他在意大利学习。

纪念性建筑

卢浮宫　　(Louvre)，巴黎

路易·勒沃(Louis Le Vau)完成了卢浮宫庭院的施工建造。该庭院保留至今。在这一时期，这一部分得以实现。

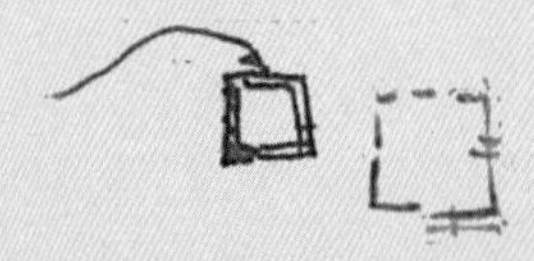

卢浮宫东立面　　(the east facade of the palais du Louvre)，巴黎

当时针对卢浮宫东立面的设计进行了比稿，参与比稿的两位设计师是芒萨尔和克洛德·佩罗，但是两人的设计均不令人满

意。比稿被送给当时在罗马学习的普桑(Poussin),他把设计稿拿给贝尔尼尼看,遭到了贝尔尼尼的严厉批评。贝尔尼尼应邀赴巴黎,参与了东立面的设计,方案被采纳。已经开始动工后,他发现构想不能实现,愤然离开巴黎。那时国王更喜欢佩罗的设计,于是再次开始动工,并用新的设计覆盖之前已经建好的部分,路易·勒沃负责建造。

注：原文为Paussin,疑为poussin,可能是梁先生当年的笔误。

这个东立面被认为是卢浮宫的柱廊,565英尺(约172.2米)长,包括成对、巨大的科林斯柱式敞廊,立面的尽头是凉亭,中心凉亭拥有高耸的山形墙。这些立面仅仅是装饰,并没能表达立面背后的意义。

阿波罗长廊 (The Apollo Gallery),巴黎

莱斯科在卢浮宫建造了小长廊,该长廊位于较下方一层。上层出自夏尔·勒布兰(Charles Le Brun)之手,他负责挂毯作品。这是一间细长的房间,筒形穹顶,尽头是回廊穹窿。建筑内部无柱式,由一幅幅画分隔开来。尽管装潢细腻,但是建筑轮廓得到了很好的强化。

土伊勒里宫 (Palais des Tuileries),巴黎

在这一时期,立面由路易·勒沃重新修葺。

阿波罗长廊，摄影师：未知，摄影时间：1880—1900，荷兰国立博物馆

第三十六课:3月22日,1926年

凡尔赛宫 (Versailles),巴黎

这里最初是路易十三外出狩猎的行宫,据推测出自德布罗斯之手,砖石结构。路易十四时期,这里成为宫廷住所。路易·勒沃动工兴建,起初用作狩猎,庭院三边被建筑环绕,规模很小。勒沃的工作范围包括外部建筑,以及延展出来的两翼。小芒萨尔(Jules Hardouin Mansart,朱尔·阿杜安·芒萨尔, 1646—1708)为凡尔赛宫从北部到南部扩建了两翼。小芒萨尔是弗朗索瓦·芒萨尔的侄孙。他设计建造了一座豪华殿堂,名为镜廊(Galerie des Glaces),由夏尔·勒布兰负责装饰,他同样主持了阿波罗长廊的装饰。镜廊有一个巨大的筒形拱顶,建筑装饰是绿色大理石材质的细长壁柱,柱顶镀金。墙是白色大理石的,墙内镶嵌镜子,长廊两边尽头是方形房间。和平厅(Salon de la Paix)和战争厅(Salon de la Guerre),同样也出自勒布兰之手。

走廊的尽头是柑橘园,由小芒萨尔于1681年改建。小礼拜堂与其中一个侧翼融为一体。

花园立面非常单调,单独看每一个单元并不算差,但是整体看来显得

非常长。从远处看，丢掉了很多细节。中心的基本图案太过凸出，翼好像被折断了。

花园非常有名，由安德烈·勒诺特(Andre Le Nôtre)设计，包括草坪、凹槽、水渠、凉亭、柱廊、花圃和喷泉等。喷泉的工艺最细腻。穿过茂密的树林，树木都被修剪过，花园的尽头是空地和喷泉。整体风格颇具戏剧性。

公园里坐落着大特里阿农宫(Le Grand Trianon)，根据小芒萨尔的设计，由路易·勒沃负责建造。

圣但尼门　(Porte S.Denis)，巴黎

由弗朗索瓦·布隆代尔设计建造，他以其出版的图书《建筑学教程》而著名。圣但尼门中央拱由墩柱支撑，与方尖碑遥相呼应。

旺多姆广场　(Place Vendome)，巴黎

它是城市发展的一项重要工程。这是一处开放的广场，广场四周统一规划。平面呈拉长了的八角形，周围皆是私家屋舍。房屋有地下室，巨大的壁柱上方是坡度很陡的屋顶，屋顶上有采光窗。

巴黎荣军院　　　　(Les Invalides),巴黎

巴黎荣军院能够容纳6000名伤残军人,拥有16间矩形庭院,几乎没有什么装饰,有一间小礼拜堂。最具观赏性的是门道的雕像。屋顶窗上是护胸甲和钢盔。

当时建筑的两种形式:

a)长方形基督教堂,礼拜堂等

i.有或者没有教堂的十字形翼部

ii.有或者没有穹顶

b)延展:隶属于机构的小礼拜堂

穹顶为主导

圣罗克教堂(Church of S.Roche)和圣叙尔皮斯教堂(S.Sulpice)都属于长方形基督教堂,有十字形翼部、回廊、露天处的小教堂,较低的穹顶,筒形拱顶横穿教堂的中殿。

索邦教堂　　　　(Church of the Sorbonne),巴黎

由雅克·勒梅西埃设计建造。它是在法国落成的第一个拉丁十字教堂,十字形翼部比教堂主体更宽,十字交叉处的穹顶位

于前段与侧面相交的轴心上，穹顶上方耸立着高高的鼓座。外部覆盖着木质圆屋顶，立面与罗马的 De Jesuis 相似。

注：原文如此，未查到对应的建筑。

巴黎荣军医院教堂 (Church of the Val-de-Grâce)，巴黎

由弗朗索瓦·芒萨尔、勒梅西埃、皮埃尔·勒米埃 (Pierre Le Muet) 共同设计建造。建筑平面较为常见，中心是圆屋顶，前部分增加了中殿，没有侧廊，但是有小礼拜堂。修女画廊比两翼长。从外部看，中心呈正方形，在帆拱之下，有一个奇特的壁龛，木结构屋顶沿袭法国建筑特征。

荣军院教堂 (the Dome des Invalides)，巴黎

1693 年由朱尔·阿杜安·芒萨尔设计建造，建筑如名称本身，像一座皇家小礼拜堂，为府邸服务而设计。建筑坐落于小礼拜堂的正后方，以至于如果在小礼拜堂内做礼拜，声音就能传至穹顶，向四处伸展，这是此类建筑的典型案例。建筑从外部看呈正方形，内部结构为四臂等长的希腊十字，中心呈八角形，有角柱，角落处被四座八角形小礼拜堂占据。正方形区域上坐落的基督教教堂在两座小礼拜堂之间。

建筑的主要架构中由鼓座支撑着帆拱，穹顶顶端有一个巨大的圆孔，由第二层石造穹顶覆盖，第三层仍旧是木质的。鼓座上的窗户非常讨巧。

如今这里是拿破仑墓。

凡尔赛宫的小礼拜堂　(Chapel of Versailles),巴黎

小礼拜堂与主体建筑融为一体,没有立面。下层用于做礼拜,上层是庭院的拱廊。主体层由巨型柱式支撑着筒形拱顶。

巴黎荣军院礼拜堂,摄影师:未知,瑞典国家科学技术博物馆

下页图为巴黎荣军院礼拜堂立面图

CHAPEL OF THE HOTEL DES INVALIDES

PARIS

索　引

INDEX

意大利

城市	建筑	建筑师	备注
佛罗伦萨 (Florence)	佛罗伦萨大教堂穹窿 (the Dome of Florence Cathedral)	菲利波·布鲁内莱斯基 (Filippo Brunelleschi)	
	巴齐礼拜堂(the Pazzi Chapel)		
	圣洛伦索教堂老圣器室 (Sacristy, Basilica of San Lorenzo)		
	圣洛伦索教堂(S.Lorenzo)		
	圣灵教堂(S.Spirito)		
	育婴院凉廊 (Loggia of Ospedale degli Innocenti)		
	皮蒂宫(The Palazzo Pitti)		
	巴齐 - 夸拉泰西府邸 (Palazzo Pazzi-Quaratesi)		据《弗莱彻建筑史》记载，建筑师为朱利亚诺·达·马亚诺 (Giuliano da Maiano)
	美第奇宫 (Palazzo Riccardi)	米开罗佐·迪·巴尔托洛梅奥 (Michelozzo di Bartolommeo)	又名里卡尔迪府邸
	圣马可(女)修道院(Convento di San Marco)		
	卢彻莱府邸 (Palazzo Rucellai)	莱昂·巴蒂斯塔·阿尔贝蒂(Leon Battista Alberti) 贝尔纳多·罗塞利诺(Bemardo Rossellino)	罗塞利诺师从阿尔贝蒂，为阿尔贝蒂的助手
	新圣母教堂 (Santa Maria Novella)	莱昂·巴蒂斯塔· 阿尔贝蒂 (Leon Battista Alberti)	
	斯特罗奇府邸 (Palazzo Strozzi)	贝内德托·达·马亚诺(Benedetto da Maiano) 克罗纳卡(Cronaca,即西蒙尼·戴尔·波拉奥洛‹Simone del Pollaiolo detto II Cronaca›)	贝内德托·达·马亚诺是朱利亚诺·达·马亚诺(Giuliano da Maiano)的弟弟
	圣十字教堂布道台(Pulpit of S.Croce)	贝内德托·达·马亚诺 (Benedetto da Maiano)	
	旧宫大门(Doorway in Palazzo Vecchio)		
	潘道菲尼府邸(Palazzo Pandolfini)	拉斐尔·桑蒂(Raphael Santi)	

城市	建筑	建筑师	备注
佛罗伦萨 (Florence)	圣洛伦索教堂新圣器室 (New Sacristy of S.Lorenzo)	米开朗琪罗·博那罗蒂 (Michaeloangelo Buonarotti)	
	劳仑齐阿纳图书馆前厅的阶梯(Laurentian Library)		
	贡迪府邸 (Palazzo Gondi)	朱利亚诺·达·桑迦洛 (Giuliano da Sangallo)	朱利亚诺·达·桑迦洛是老安东尼奥·达·桑迦洛(Antonio Da Sangallo the Elder)的哥哥，小安东尼奥·达·桑迦洛(Antonio da Sangallo the Younger)的舅舅
米兰 (Milan)	圣欧斯托焦大教堂的波尔蒂纳里礼拜堂(Portinari Chapel, Basilica of Sant' Eustorgio)	米开罗佐·迪·巴尔托洛梅奥 (Michelozzo di Bartolommeo)	
	米兰总医院(the Ospedale Maggiore in Milan)	菲拉雷特(Filarete, 即安东尼奥·彼得罗·阿韦利诺‹Antonio di Pietro Averlino›)	
	圣萨蒂罗教堂的圣母礼拜堂 (Santa Maria presso San Satiro)	多纳托·布拉曼特(Donato Bramante)	
	圣母恩泽教堂(S.Maria delle Grazie)		
	阿比亚泰格拉索教堂的门廊 (Porch of church at Abbiategrasso)		
	圣萨蒂罗教堂(San Satiro)		
	圣安布罗斯教堂的神父住房 (Canonica at S. Ambrogio)		
里米尼 (Rimini)	圣方济各教堂(the Church of S. Francesco)	莱昂·巴蒂斯塔·阿尔贝蒂 (Leon Battista Alberti)	
曼托瓦 (Mantua)	圣安德烈教堂(S. Andrea)		
	圣塞巴斯蒂亚诺教堂(S.Sebastiano)		
比恩察 (Pienza)	皮科罗米尼府邸(Palazzo Piccolomini)	贝尔纳多·罗塞利诺(Bemardo Rossellino)	
普拉托 (Prato)	卡尔切利圣母教堂 (Santa Maria delle Carceri)	朱利亚诺·达·桑迦洛 (Giuliano da Sangallo)	

城市	建筑	建筑师	备注
佩鲁贾（Perugia）	圣伯尔纳教堂小礼拜堂（Oratory of S.Bernardino）	阿戈斯蒂诺·迪·杜乔（Agostino di Duccio）	
	圣彼得门（Porta urbica di S.Pietro）	阿戈斯蒂诺·迪·杜乔（Agostino di Duccio） 波利多罗·迪·史提芬（Polidoro di Stefano）	
罗马（Rome）	威尼斯宫（the Palazzo Venezia）	巴乔·蓬泰利（Baccio Pontelli）	据《弗莱彻建筑史》记载，建筑师为弗朗切斯科·德尔·博尔戈（Francesco del Borgo）
	圣马可教堂（Church of S.Marco）	朱利亚诺·达·马亚诺（Giuliano da Maiano）	
	枢密院大厦（Palazzo Cancelleria）	多纳托·布拉曼特（Donato di Angelo）	
	吉罗宫（Palazzo Giraud）		
	圣彼得教堂隐修院小神殿（Tempietto in S.Pietro in Montorio）		又名坦比哀多礼拜堂
	吉罗-托洛尼亚宫（Giro-Toladia）		
	和平圣母教堂（S.Maria della Pace）		
	梵蒂冈观景楼庭院（Cortile del Belvedere）		
	圣彼得大教堂（S. Peter's）	多纳托·布拉曼特（Donato di Angelo） 拉斐尔·桑蒂（Raphael Santi） 巴尔达萨雷·托马索·佩鲁齐（Baldassare Tommaso Peruzzi） 米开朗琪罗·博那罗蒂（Michaeloangelo Buonarotti）	
	蒙托利奥的圣彼得教堂（S.Pietro In Montorio）	巴乔·蓬泰利（Baccio Pontelli）	
	灵魂圣母教堂（S.M.del Anima）	老安东尼奥·达·桑迦洛（Antonio Da Sangallo the Elder）	
	民众圣母教堂（Basilica of Santa Maria del Popolo）	推测为塞蒂戈亚诺（又名阿美迪欧·德·弗朗切斯科‹Amedeo di Francesco da Settignan›）	据《弗莱彻建筑史》记载，17世纪乔瓦尼·洛伦佐·贝尔尼尼（Bernini Lorenzo）进行装饰

城市	建筑	建筑师	备注
罗马(Rome)	圣奥古斯丁教堂(Basilica of Sant'Agostino)	雅各波·达·彼得拉桑塔(Jacopo da Pietrasanta) 巴乔·蓬泰利(Baccio Pontelli)	
	玛达玛别墅(the Villa Madama)	拉斐尔·桑蒂(Raphael Santi)	
	法尔内西纳别墅(the Villa Farnesina)	巴尔达萨雷·托马索·佩鲁齐(Baldassare Tommaso Peruzzi)	
	马西莫圆柱府邸(Palazzo Massimi alle Colonne)		
	法尔内塞府邸(Palazzo Farnese)	小安东尼奥·达·桑迦洛(Antonio da Sangallo the Younger) 米开朗琪罗·博那罗蒂(Michaeloangelo Buonarotti)	
	坎皮多利奥宫殿建筑群(Campidoglio)	米开朗琪罗·博那罗蒂(Michaeloangelo Buonarotti)	
	朱利娅别墅(Villa Papa Giulia)	贾科莫·巴罗齐·达·维尼奥拉(Giacomo Barozzi Da vignola)	
	圣安德烈教堂(San Andrea)		
	卡普拉罗拉法尔内塞别墅(Villa at Caprarola)		
	耶稣会教堂(IL Gesù)		
	圣彼得大教堂小圆屋顶(Cupolas of S. Peter's)		
	圣彼得大教堂柱廊(Couonade S.Peter's)	乔瓦尼·洛伦佐·贝尔尼尼(Bernini Lorenzo)	
贝加莫(Bergamo)	科莱奥尼礼拜堂(Colleoni Chapel)	乔瓦尼·安东尼奥·阿马代奥(Giovanni Antonio Amadeo)	
帕维亚(Pavia)	卡尔特隐修院(the Certosa di Pavia)		
科莫(Como)	科莫大教堂的大门(Door,Como Cathedral)	多纳托·布拉曼特(Donato Bramante)	

城市	建筑	建筑师	备注
威尼斯(Venice)	宪章门(Porta della Carta)	巴尔托洛梅奥·博恩(Bartolomeo Buon)	
	威尼斯总督府(the Doge's Palace, 又名 Palazzo Ducale)	安东尼奥·里佐(Antonio Rizzo) 彼得罗·隆巴尔多(Pietro Lombarde) 安东尼奥·布雷尼奥(Antonio Bregno, 又名斯加帕尼诺 ‹Scarpagnino›)	
	文德拉明·卡莱尔吉府邸(Palazzo Vendramini)	彼得罗·隆巴尔多(Pietro Lombarde) 毛罗·科杜奇(Mauro Coducci)	
	圣母神迹教堂(Santa Maria dei Miracoli)	彼得罗·隆巴尔多(Pietro Lombarde)	
	圣撒迦利亚教堂立面(Facade of S.Zaccaria)	安东尼奥·甘贝罗(Antonio Gambello) 毛罗·科杜奇(Mauro Coducci)	
	科纳·斯皮内利府邸(Palazzo Corner Spinelli)	毛罗·科杜奇(Mauro Coducci)	
	古索尼宫(Palazzo Gussoni)	彼得罗·隆巴尔多(Pietro Lombardo)	
	达里奥府邸(Palazzo Dario)	彼得罗·隆巴尔多(Pietro Lombarde)	
	旧行政长官官邸(Procuratie Vecchie)	彼得罗·隆巴尔多(Pietro Lombardo) 巴尔托洛梅奥·博恩(Bartolomeo Buon)	
	时钟塔(Clock Tower)	毛罗·科杜奇(Mauro Coducci)	
	钟楼(The Campanile)	巴尔托洛梅奥·博恩(Bartolomeo Buon)	
	圣马可学校(Scuola S. Marco)	彼得罗·隆巴尔多(Pietro Lombarde)	据《弗莱彻建筑史》记载，立面由乔瓦尼·安东尼奥·博拉(Giovanni Antonio Buora)、彼得罗·隆巴尔多和科杜奇相继设计建造

城市	建筑	建筑师	备注
威尼斯（Venice）	圣洛可学校（Scuola S. Rocco）	巴尔托洛梅奥·博恩（Bartolomeo Buon）	
	科尔纳罗府邸（Palazzo Cornaro della Ca'Grande）	雅各布·桑索维诺（Jacopo Sansovino）	
	造币厂（La Zecca）		
	钟楼平台（The Loggetta）		
	圣马可图书馆（The Library of S.Mark's）		
	圣乔治大教堂（San Giorgio Maggiore）	安德利亚·帕拉第奥（Andrea Palladio）	
	救世主教堂（IL of the Redentore）		
	圣母安康教堂（S.Maria Della Salute）	巴尔达萨雷·隆盖纳（Baldassare Longhena）	
	佩萨罗府邸（Palazzo Pesaro）		
	雷佐尼科宫（Palazzo Rezzonico）		
	传福音者圣约翰学校（S.Gio.Evangelista）		据《弗莱彻建筑史》记载，毛罗·科杜奇（Mauro Coducci）在建筑内建造了现存的15世纪最壮观的楼梯，它有流畅的带筒形拱顶的楼梯梯段和由独立的角柱支承的带穹窿的楼梯平台
维罗纳（Verona）	议会大厦（Palazzo del Consiglio）	乔瓦尼·焦孔多修道士（Fra Giovanni Giocondo）	
	贝维拉夸府邸（Palazzo Bevilacqua）	米凯莱·桑米凯利（Michele Sanmicheli）	
	庞贝宫（Palazzo Pompei）		
	帕利奥门（Porta del Palio）		
	佩莱格里尼礼拜堂（Cappella Pellegrini）		又名圣伯尔纳教堂（S.Bernardino）

城市	建筑	建筑师	备注
布雷西亚(Brescia)	共济会大厦 (Palazzo della Loggia)	托马索·弗曼托内(Tomasso Formentone) 菲利浦·格拉希(Fillipo Grassi) 罗多维科·巴雷塔(Lodovico Baretta) 雅各布·桑索维诺(Jacopo Sansovino) 安德利亚·帕拉第奥(Andrea Palladio) 路易吉·万维泰利(Luigi Vanvitelli)	又名布雷西亚市政厅(Palazzo Communale)
	典当行 (Monte di Pieta)	菲利浦·格拉希(Fillipo Grassi)	
	奇迹圣母教堂(Santa Maria dei Miracoli)	乔瓦尼·安东尼奥·阿马代奥(Giovanni Antonio Amadeo)	
博洛尼亚(Bologna)	饮泉宫 (Palazzo Bevilacqua)		
	法瓦大殿 (Palazzo Fava Ghisilieri)	朱利奥·蒙塔纳里(Zilio Montanari)	
	斯特拉察罗里宫 (Palazzo degli Strazzaroli)	弗朗切斯科·弗朗西亚(Francesco Francia)	
	圣体教堂(Corpus Domini)	尼科洛·马尔基翁尼(Niccolo Marchionni) 弗朗切斯科·福西 (Francesco Fossi)	
费拉拉(Ferrara)	迪亚曼蒂府邸(Palazzo dei Diamanti)	比亚焦·罗塞蒂(Biagio Rossetti)	
	罗韦雷拉府邸(Palazzo Roverella)		
	圣本尼狄克教堂(S. Benedetto)		
	科斯塔比利宫(Palazzo Costabili)		
	圣乔贝尔教堂(S.Giobbe)	多杰·克里斯托福罗·莫罗(Doge Cristoforo Moro)	
蒙特普尔恰诺(Montepulciano)	圣布莱斯圣母教堂 (Madonna de San Biagio)	老安东尼奥·达·桑迦洛(Antonio Da Sangallo the Elder)	

城市	建筑	建筑师	备注
托迪(Todi)	抚慰圣母教堂(Santa Maria della Consolazione)	老安东尼奥·达·桑迦洛(Antonio Da Sangallo the Elder)	据《弗莱彻建筑史》记载，此建筑在科拉·达·卡普拉罗拉(Cola da Caprarola)监管下建造的，这是一座朝圣教堂，但不太清楚建筑师的身份
维琴察(Vicenza)	维琴察巴西利卡(Basilica at Vicenza)	安德利亚·帕拉第奥(Andrea Palladio)	
	波尔托·布雷甘泽府邸(Palazzo Porto Breganze)		
	神职人员大厦(Palazzo Chiericati)		
	瓦尔马拉纳府邸(Palazzo Valmarana)		
	巴尔巴拉诺府邸(Palazzo Porto Barbaran)		
	卡皮塔尼阿托敞廊(Loggia del Capitaniato)		
	卡普拉别墅(Villa Capra)		又名圆厅别墅(La Rotonda)
	奥林匹克剧场(Teatro Olimpico)		
热那亚(Genova)	热那亚大学大厦(Palazzo dell'Università Genoa)	巴尔托洛梅奥·比安科(Bartolomeo Bianco)	
	卡里尼亚诺圣母教堂(S.Maria in Carignano)	加莱亚佐·阿莱西(Galeazzo Alessi)	
梵蒂冈(Vatican)	梵蒂冈宫教皇大台阶(Scala Regia)	乔瓦尼·洛伦佐·贝尔尼尼(Bernini Lorenzo)	
	新翼陈列室(Braccio Nuovo)	拉法埃莱·斯特恩(Raffaele Stern)	
那不勒斯(Napoli)	卡塞塔皇宫(Palace at Caserta)	路易吉·万维泰利(Luigi Vanvitelli)	

法国

时代	建筑	地点	建筑师	备注
瓦卢瓦－昂古莱姆王朝	枫丹白露宫(Palais de Fontainebleau)	枫丹白露	乔瓦尼·巴蒂斯塔·迪·雅各布(Giovanni Battista di Jacopo) 普里马蒂乔(Francesco Primaticcio) 塞巴斯蒂亚诺·塞利奥 (Sebastiano Serlio)	漂亮烟囱的一翼(Aile dela Belle Cheminee)由塞巴斯蒂亚诺·塞利奥(Sebastiano Serlio)设计
	马德里府邸(Château de Madrid)	巴黎	吉罗拉莫·德拉·罗比亚 (Girolamo della Robbia)	
	尚博尔府邸(Château de Chambord)	都兰	多梅尼科·达·科尔托纳(Cbmenico da Cortona) 莱奥纳多·达·芬奇(Leonardo da Vinci)	
	路易十二的侧翼(Louis'wing at Blois)	布卢瓦		
	布卢瓦城堡北翼(Blois North Wing)	布卢瓦		
	加永府邸(Château de Gaillon)	加永	乔治·德昂布瓦斯(Georges d'Amboise)	
	奥尔良市政厅(Hotel de Ville)	奥尔良	维亚尔(Viart)	
	圣热尔曼府邸(Château of St.Germain-en-Laye)	巴黎	皮埃尔·尚比热(Pierre Chambiges)	
	莫雷公馆 (Villa at Moret)	巴黎		
	阿宰勒里多府邸 (Château of Azay le Rideau)	阿宰勒里多	吉勒·贝特洛(Gilles Berthelot)	
	舍农索府邸(Château de Chenonceaux)	图尔	菲利贝尔·德洛尔姆(Philibert de l'Orme)	
	圣尤斯塔修斯教堂(St.Eustache)	巴黎	皮埃尔·勒梅西埃(Pierre Lemercier)	正立面(1754 年始建)是由让·阿杜安·芒萨尔·德茹伊(Jean Hardouin Mansart de Jouy)设计

时代	建筑	地点	建筑师	备注
瓦卢瓦-昂古莱姆王朝	圣皮埃尔教堂 (Church of Saint-Pierre)	卡昂		
	乔治·德昂布瓦斯的坟墓 (Tomb of George d'Amboise)	鲁昂		位于鲁昂大教堂(Rouen Cathedral)内
	圣米迦勒教堂(St.Michel)	第戎		
	卡纳瓦莱府邸 (Hotel Carnavalet)	巴黎	让·古戎(Jean Goujon)	据《弗莱彻建筑史》记载，卡纳瓦莱府邸"主楼"后部庭院的立面由莱斯科设计，其中的浮雕饰板是仿古戎的雕刻
	圣日耳曼奥塞尔教堂 (Saint-Germain L'Auxerrois)	巴黎	让·古戎(Jean Goujon) 皮埃尔·莱斯科(Pierre Lescot)	
	卢浮宫 (Louvre)	巴黎	皮埃尔·莱斯科(Pierre Lescot)	
	阿内府邸(Château d'Anet)	阿内	菲利贝尔·德洛尔姆(Philibert de l'Orme)	
	土伊勒里宫 (Palais des Tuileries)	巴黎	菲利贝尔·德洛尔姆(Philibert de l'Orme) 让· 比朗(Jean Bullant)	
	尚蒂伊小府邸 (Petit Château Chantilly)	巴黎	让· 比朗(Jean Bullant)	
	埃库昂府邸 (the Chateau d'Ecouen)	巴黎	让· 比朗(Jean Bullant)	
	苏瓦松府邸 (Hotel de Soissons)	巴黎	让· 比朗(Jean Bullant)	
	阿内陵墓 (Anet Mausoleum)	阿内		推测为让· 比朗(Jean Bullant)设计
	阿塞扎府邸 (Hotel d'Assezat)	图卢兹	尼古拉·巴舍利耶(Nicholas Bachelier)	
	皮埃尔故居 (Maison de Pierre)	图卢兹		
	尚贝朗府邸 (Hotel Chambellan)	第戎	于格·桑班(Hugues Sambin)或 艾蒂安·布吕厄(Etienne Bruhe)	

时代	建筑	地点	建筑师	备注
波旁王朝	鹿廊(the Gallerie des Cerfs)	枫丹白露		位于枫丹白露宫(Palais de Fontainebleau)
	洗礼堂(Baptistry)	枫丹白露		
	办公庭院(Cour des Offices)	枫丹白露		
	三一礼拜堂 (Trinity Chapel)	枫丹白露	马丁·弗雷米内特(Martin Freminet)	
	楼梯 (Stairway)	枫丹白露	雅克·安德鲁埃·迪塞尔索 (Jacques I Androuet du Cerceau)	
	皇家广场 (Place Royal)	巴黎		又名孚日广场(Place des Vosges)
	沃盖府邸 (Hotel Vogué)	第戎		
	圣司提反教堂 (St.Etienne du Mont)	巴黎	皮埃尔·比亚德(Pierre Biard l'Aîné)	
	圣司提反教堂立面 (Facade St.Etienne de Mont)	巴黎		由维克多·巴尔塔德(Victor Baltard)修复
	卢森堡宫 (Palais du Luxembourg)	巴黎	萨洛蒙·德布罗斯(De Brosse)	
	卢浮宫 (Louvre)	巴黎	雅克·勒梅西埃(Jacques Lemercier) 路易·沃勒(Louis Le Vau)	
	皇宫 (Palais Royal)	巴黎	雅克·勒梅西埃(Jacques Lemercier)	
	布卢瓦府邸的奥尔良之翼 (Blois Orlean Wing)	布卢瓦	弗朗索瓦·芒萨尔(Francois Mansart)	
	卢浮宫东立面(the east facade of the palais du Louvre)	巴黎	克洛德·佩罗(Claude Perrault) 路易·沃勒(Louis Le Vau)	
	阿波罗长廊 (The Apollo Gallery)	巴黎	皮埃尔·莱斯科(Pierre Lescot) 夏尔·勒布兰(Charles Le Brun)	位于卢浮宫(Louvre)
	土伊勒里宫 (Palais des Tuileries)	巴黎	路易·沃勒(Louis Le Vau)	

时代	建筑	地点	建筑师	备注
波旁王朝	凡尔赛宫(Versailles)	巴黎	朱尔·阿杜安·芒萨尔(Jules Hardouin Mansart) 安德雷·勒·诺特(Andre Le Notre)	
	镜廊(Galerie des Glaces)	巴黎	朱尔·阿杜安·芒萨尔(Jules Hardouin Mansart)	位于凡尔赛宫(Versailles)
	圣但尼门(Porte S.Denis)	巴黎	弗朗索瓦·布隆代尔(Francois Blondel)	
	旺多姆广场 (Place Vendome)	巴黎	朱尔·阿杜安·芒萨尔(Jules Hardouin Mansart)	
	巴黎荣军院 (Les Invalides)	巴黎	利贝拉尔·布吕昂(Liberal Bruant)	
	索邦教堂 (Church of the Sorbonne)	巴黎	雅克·勒梅西埃(Jacques Lemercier)	
	巴黎荣军医院教堂(Church of the Val-de-Grace)	巴黎	弗朗索瓦·芒萨尔(Francois Mansart) 雅克·勒梅西埃(Jacques Lemercier) 皮埃尔·勒米埃(Pierre Le Muet)	
	荣军院教堂 (the Dome des Invalides)	巴黎	朱尔·阿杜安·芒萨尔(Jules Hardouin Mansart)	
	凡尔赛宫的小礼拜堂 (Chapel of Versailles)	巴黎		

出 版 说 明

AFTERWORD

《梁思成的作业》这本书的编校时间好长好长，这是万万没想到的事。

2016年，我与林洙老师谈及梁先生当年在宾夕法尼亚大学求学时的情形，说起来这些上课的笔记和作业都是英文的，如果可以翻译成中文，会是一件非常有意义的事。学习这门建筑史课的梁先生，当时才24岁。在美国学习期间，梁思成深深感到西方国家对本国的建筑史非常重视，而在中国，虽然建筑的历史悠久，却没有一部建筑史，在这里，他立下志愿，要研究中国的建筑发展史。这一生，他都在做这一件事。

这本书的译者是张昊媛女士，也是我的好朋友，《梁思成图说西方建筑》一书就是她责编的，她对这部分文稿内容比较熟悉，又是英语专业毕业，由她来翻译是最合适不过的。我俩开始为这本书工作的时候，心情是舒畅而又兴奋的。我以为以自己当时的心气和精力，很快能把它做出来。渐渐的，难度开始体现了，这本书并不是梁先生的学术著作，只是他学习建筑史课的笔记。学生上课记笔记，有些地方一笔带过，有些地方拼写有误，因为梁先生自己也绝不会想到他在青年时期的笔记会出版成书，这只是一个好学生的作业而已。

对于我们来说，要把这本书做好，就常常陷入"福尔摩斯般的谜案"中，因为梁先生一个单词的笔误，或者不知什么原因的语焉不详，我们就要花很长时间去查、去猜、去判断，因为手稿的凌乱和复杂，光是把手稿的页码和图片整理清楚又折腾了很久。我买了《弗莱彻建筑史》《意大利经典建筑100例》《意大利古建筑散记》等一堆书来看，常常枯坐一个下午，也只是弄明白了文中一小段文字的表述。

在编辑过程中，非常感谢清华大学建筑系的王南老师，我们请他来帮我们审核这本书稿，多少次我们抱着一堆稿子，顶着一脑门子的问号去找他，他一边核查原稿的译文，一边还要回答我这个"建筑盲"的各种问题，他随手画下的小图，如此精彩。书稿由王南老师审核了好几遍，每一遍提出一些疑问，我们就去查原稿，请他再审核和修改，反反复复。我总是想，有王南老师把关，没问题。

王小洁是我的同事，中文和英文都非常优秀，她以非常认真和严谨的工作态度帮我修订书稿中的各种问题，还为本书制作了简明易懂的索引图表。

本书的设计师白凤鹍先生，我们第一次合作是《古拙——梁思成笔下的古建之美》，我现在都记得我第一次去找他，跟他谈《古拙》的设计方案，说了好几个小时，走出来的时候，天都黑了，谈到激动之时，我还撅断了自己墨镜的镜腿。这本书获得了当年"中国最美的书"的称号，此后的他一路开挂，拿奖拿到手软。当我们又再次合作这本书的时候，他的精益求精、不遗余力还是让我吃惊。从纸面的颜色到字体，每一处细节都是如此完美。复刻原版是一开始我们就定下来的设计原则，向近一百年前那个在宾夕法尼亚大学学习建筑的青年致敬。

本书的版式排版陈曦女士，我必须要感谢她，反反复复改了几十遍，她如此专业、敬业，和我们一起在追求完美。

这本书的主要内容是梁思成先生在宾夕法尼亚大学学习建筑史课的笔记和作业，由1925年9月28日开始至1926年3月22日，一共有36节课，是否是完整的建筑史课的笔记和作业，目前不可考。毕业之后，这些笔记本被梁思成先生带回中国。在1958年，林洙老师于一大堆的废书籍中发现了它们，"文革"期间，这些笔记本又被抄走，历经磨难，已经残缺，很难恢复原貌，能够保留至今已经非常不易。

这些笔记内容分为三部分，第一部分是梁思成先生上课的笔记内容，每一课前面都有日期，上课的内容主要介绍了文艺复兴时期的建筑和建筑师，涉及的国家是意大利和法国，这些笔记也是梁先生的建筑史课作业，后面有老师打的分数，按当时的打分规则是5分制，但是1是代表最高分，我们可以看见作业后面的分数基本上都是1；第二部分是建筑图，有一些建筑图上有宾夕法尼亚大学建筑学院的钢印，有老师打分的数字，和文字作业的打分规则是一样的，还有相当多的建筑图是梁先生自己课后临摹各种资料的作品；第三部分是梁先生根据上课的内容，课后阅读了大量的书籍并认真地做了摘录和笔记，这部分的内容中提及的建筑和上课的内容是一致的，是上课内容的延伸和丰富。在每部分摘录的文字前有一个括号，括号里是这些摘录文字的来源，比如（芒茨）就代表这部分文字的内容来自法国作家芒茨的著作。在各种参考书中对上课所提及的建筑都有丰富的记述，梁先生就原样抄录下来，当时的他并没有去考证这些资料的准确性，也没有经过系统的整理，所以这部分内容有些凌乱，可见梁先生当年求学时的真实状态。

有一点特别需要向读者朋友们说明的是，因为建筑的中文译名众多，为了防止混淆，我们按梁先生当年修读这门课时的指定参考书《弗莱彻建筑史》(Sir Banister Fletcher's:A History Of Architecture)中的译名来做了统一。梁先生在笔记中的一些错漏，已经加注并予以说明，有些行文中的空白等情况，都真实呈现，尽最大可能保持梁先生当年笔记的原貌。

本书涵盖的文艺复兴时期众多的建筑和建筑师，为了方便读者朋友的查找，在全书的最后我们特地做了一个图表，清晰地列出了这些建筑的中英文名称、所在城市、建筑师的名字。

二十岁出头的梁思成从这里进入"建筑"的大门，为他今后成为古建筑研究一代宗师奠定了坚实的基础，从梁思成当年的课堂及课外的绘图作业中也可看出他当年所下的苦功，这批珍贵的笔记和作业也成为他日后研究中国建筑史的重要基础之一。

王飞宁

2020年11月24日

图书在版编目（CIP）数据

梁思成的作业 / 梁思成著；林洙编，张昊媛译．-- 北京：中国青年出版社，2018.11（2024.8 重印）
ISBN 978-7-5153-5384-5

Ⅰ．①梁… Ⅱ．①梁…②林…③张… Ⅲ．①建筑艺术Ⅳ．① TU-8

中国版本图书馆 CIP 数据核字（2018）第 245354 号

书　　名：梁思成的作业
作　　者：梁思成
编　　者：林　洙
译　　者：张昊媛
审　　稿：王　南
校　　订：王小洁
责任编辑：王飞宁
书籍设计：白凤鹍
内文排版：陈　曦

出版发行：中国青年出版社
社　　址：北京市东城区东四十二条 21 号
网　　址：www.cyp.com.cn
编辑中心：010-57350501
营销中心：010-57350370
经　　销：新华书店
印　　刷：北京富诚彩色印刷有限公司
规　　格：889 × 1194mm　1/16
印　　张：25.75
字　　数：180 千字
版　　次：2021 年 1 月北京第 1 版
印　　次：2024 年 8 月北京第 4 次印刷
印　　数：13001-17000 册
定　　价：168.00 元

附件说明:

照片 1: 在宾夕法尼亚大学留学期间的梁思成与林徽因。

照片 2: 梁启超将自己的相片送与梁思成留念。

信件: 1928年2月12日,梁启超写给梁思成的家信,嘱咐其在与林徽因结婚后,如何游历归国的各种事宜。